国家电网有限公司
STATE GRID
CORPORATION OF CHINA

国家电网有限公司
水电厂重大反事故措施
辅导教材 （第二版）

国家电网有限公司水新部　组编

中国电力出版社
CHINA ELECTRIC POWER PRESS

内 容 提 要

为适应水电厂发展需要，进一步提升水电厂安全水平，在全面分析国内外水电厂各类事故的基础上，国家电网有限公司水新部组织相关专家编制了本书。

本书明确了《国家电网有限公司水电厂重大反事故措施》执行过程中应注意的问题及应采取的相应措施，并列出了有关事故案例，有利于各单位提高防范事故意识，增强防范事故能力，把各项重点要求落到实处。本书内容包括防止人身伤亡事故、防止大坝破坏事故、防止厂房损坏事故、防止输水系统结构损坏事故、防止水轮机损坏事故、防止发电机损坏事故、防止主变压器设备损坏事故、防止调速器系统损坏事故、防止主进水阀（闸）损坏事故、防止承压设备损坏事故、防止金属结构损坏事故、防止开关站设备损坏事故、防止全厂停电及厂用电设备损坏事故、防止监控及自动化系统事故、防止励磁系统和静止变频器事故、防止继电保护误动事故、防止火灾和交通事故、防止重大环境污染事故和防止水电厂水淹厂房事故共 19 章。每章均包括总体情况说明和条文说明。

本书可供从事水电规划设计、设备选型、安装、调试、设备运维以及技改检修等工作的技术人员和管理人员学习参考。

图书在版编目（CIP）数据

国家电网有限公司水电厂重大反事故措施辅导教材 / 国家电网有限公司水新部组编. —2 版. —北京：中国电力出版社，2023.2
ISBN 978-7-5198-7347-9

Ⅰ . ①国… Ⅱ . ①国… Ⅲ . ①水力发电站–工伤事故–事故预防–安全措施–教材 Ⅳ . ①TV737

中国版本图书馆 CIP 数据核字（2022）第 238772 号

出版发行：中国电力出版社
地　　址：北京市东城区北京站西街 19 号（邮政编码 100005）
网　　址：http://www.cepp.sgcc.com.cn
责任编辑：谭学奇（010-63412218）　翟巧珍
责任校对：黄　蓓　常燕昆
装帧设计：张俊霞
责任印制：吴　迪

印　　刷：三河市万龙印装有限公司
版　　次：2016 年 3 月第一版　　2023 年 2 月第二版
印　　次：2023 年 2 月北京第三次印刷
开　　本：787 毫米×1092 毫米　16 开本
印　　张：11.5
字　　数：268 千字
印　　数：4501—7500 册
定　　价：90.00 元

《国家电网有限公司水电厂重大反事故措施辅导教材》
编 委 会 名 单

主　　任	潘敬东			
副 主 任	刘永奇	乐振春		
编写人员	荆岫岩	陈龙翔	李国和	王　璞
	姬联涛	吴福保	杨　波	张　雷
	董尔佳	郝国文	赵凤承	杨海云
	夏斌强	霍献东	王奎钢	李　训
	莫　剑	马　涛	杨　辉	陈传音
	廖　波	唐　山	刘　俊	郭中元
	谢捷敏	黄　波	王　军	王　楠
	彭天波	张远弘	石　松	徐　帅
	王　伟	李向阳	郭　鹏	徐博为
	王大强	陶以彬	李　泽	周振辉
	李　斌	王根超	崔佳鹏	

前　言

　　《国家电网有限公司水电厂重大反事故措施》（简称《反措》）2015 年发布以来，为国家电网有限公司（简称公司）防范水电重特大安全生产事故，确保水电安全稳定运行方面发挥了重要作用。近年来，国家能源电力发展发生了深刻变化，安全生产法律法规不断完善，在"碳达峰、碳中和"、构建新型电力系统战略引领下，公司水电发展建设运行面临全新的形势和任务，抽水蓄能等灵活电源将在国家能源电力版图中占据越来越重要的地位，这对提高水电厂安全生产水平提出了更高要求。为适应新的变化，公司于 2021 年完成了《反措》修编，这是公司水电适应新要求和应对新风险、新问题的重要举措。

　　《反措》以保障水电长期安全稳定运行为基础，全面落实新《中华人民共和国安全生产法》和中华人民共和国国务院令第 493 号《生产安全事故报告和调查处理条例》、中华人民共和国国务院令第 599 号《电力安全事故应急处置和调查处理条例》等法规要求，结合近年水电安全生产实践，突出防范水电厂设备、设施、人身重大事故，强化水电设备、设施的全寿命管理，总结提炼近年来形成的有效反事故措施和经验，对设计、基建、运行等各阶段提出反事故措施和要求，涉及水电厂安全生产管理的各个方面，具有很强的针对性和可操作性。

　　本书为针对《反措》修编的辅导教材，对《反措》重要条文的提出背景、适用条件、操作方法等做出详细准确的解释，列举了大量代表性案例，全面涵盖水电厂设备、设施的规划设计、基建施工、运维检修阶段的安全管理，是总部各部门、公司系统各单位共同努力的结果，是公司员工集体智慧和长期经验的结晶。本书的出版将为公司水电管理人员和技术人员提供学习参考，有利于提高各级人员对《反措》的理解深度和执行力度，对于提升公司水电全过程安全管理水平和推进公司水电高质量发展将产生积极重大的意义。

编　者

2023 年 2 月

第一版前言

国家电网生〔2007〕883 号《国家电网公司发电厂重大反事故措施（试行）》自 2007 年 10 月发布以来，在防范发电厂重特大安全生产事故，确保发电厂安全稳定运行方面发挥了重要作用。随着新技术、新设备的广泛应用，发电厂设备和设施运行出现了一些新情况；电网外部环境、内部资产结构发生了变化，公司电源资产逐步集中于厂网分开后留在电网的常规水电厂和后期兴建的抽蓄电站；同时，水电厂安全生产面临一些新的风险和问题，对公司防范各类灾害和事故的能力提出了新要求。为适应水电厂发展需要，进一步提高水电厂安全水平，在全面分析公司 2007 年以来各类事故的基础上，公司组织对《国家电网公司发电厂重大反事故措施（试行）》进行了全面修订，命名为《国家电网公司水电厂重大反事故措施》（简称《水电厂反措》），并于 2015 年 1 月以国家电网基建〔2015〕60 号文下发。

为更好地宣贯、落实《水电厂反措》，公司基建部牵头组织，委托国网新源控股有限公司具体负责《国家电网公司水电厂重大反事故措施辅导教材》编写工作，国网湖南省电力公司、国网福建省电力有限公司等单位共同参与，其他相关水电管理单位协助收集了公司系统近年来的各类事故情况和相关反事故措施，共同完成了本辅导教材的编写工作。本辅导教材内容包括反事故措施相关条文提出背景解释，明确相关条文执行过程中应注意的问题及相应措施，并列出了有关事故案例，将对各单位提高事故防范意识，增强事故防范能力，把各项反措重点要求落实到实处起到积极的帮助作用。

《水电厂反措》修订及辅导教材编写工作，得到了公司领导、总部相关部门及各水电管理单位的支持，也得到了公司系统相关专家的支持和帮助，在此一并致谢。

鉴于编者水平和时间有限，书中难免存有不妥之处，恳请广大读者批评指正。

编　者
2015 年 12 月

目 录

1 防止人身伤亡事故

总体情况说明

人身伤亡主要表现为：人员触电、高处坠落、机械伤害等造成的人员伤害。人身伤亡主要原因有：① 防护功能不齐全、不规范的安全标识致使人员触电；② 高处作业时防护措施不到位，工作或巡视路线未采取可靠的安全措施；③ 违规使用机械设备，或机械设备安全防护措施缺损。因此，为防止人身伤亡事故发生，应在设计阶段加强设备防触电功能，在基建、运行阶段加强人员防坠落措施、防止因机械伤害造成人员伤亡。

本章重点针对防止人身伤亡事故反措条款，结合水电厂发展的新趋势、新特点和暴露出的新问题，分析代表性案例及原因，进一步详解了落实防止人身伤亡事故的具体措施。

本章共分为三个部分，内容包括：防止触电伤亡事故、防止高处坠落伤亡事故、防止机械损伤伤亡事故。

条 文 说 明

条文 1.1　防止触电伤亡事故

条文 1.1.1　（设计阶段）检修电源箱（柜）设计时，低压电源箱（柜）应具有防触电、防潮、防火、防小动物等功能，户外检修电源箱（柜）还应具备防雨功能，箱（柜）应永久固定，合理分布在生产现场的各个部位，有规范、醒目的安全标识。

［名词释义］

【高电压】凡对地电压大于 1000V 者称为高电压，例如：10、110、220、330、500、1000kV 等。

【低电压】凡对地电压为 1000V 及以下的称为低电压，例如：380、220、36、24V 等。

【安全电压】为防止触电事故而由特定电源供电所采用的电压系列。我国确定的安全电压标准为 42、36、24、12、6V。当带电体超过 24V 的安全电压时，必须采取防止直接接触带电体的保护措施。在工作地点狭窄、行动不便以及周围有大面积接地导体的环境作业时，手提照明等应采用 12V 安全电压。

［案例 1-1］　2007 年 7 月 28 日，一场大雨过后，某电厂外委施工人员私自用检修电源盘对电动工具进行充电时，接触潮湿漏电的电源箱发生触电事故。分析事故原因：① 配电箱箱门背面的电加热设备开关上一根电线接头从接线柱上松脱，带电线头接触到配电箱箱门上，同时配电箱的外壳未采取接地保护，造成配电箱金属外壳带电，施工人员触电；② 电厂未对所属设备进行定期维修检查试验，未对设备外壳采取有效的接地保护。

条文 1.2　防止高处坠落伤亡事故

条文 1.2.1　使用绝缘斗臂车作业前，应检查绝缘臂处于合格状态。禁止使用汽车起重机（斗臂车）悬挂吊篮上人作业。禁止用斗臂起吊重物，在斗臂上工作应使用安全带。

［名词释义］

【高处作业】凡在高于基准面 2m 及以上的高处进行的作业，称为高处作业。高处作业主要包括临边、洞口、攀登、悬空、交叉五种基本类型。

【悬空作业】是指周边临空状态下进行的高处作业。例如，在吊篮内进行的高处作业。

【交叉作业】是指施工现场的上下不同层次、在空间贯通状态下同时进行的高处作业。例如，脚手架平台上有人作业的同时，脚手架下地面也有人作业。

［案例 1-2］2015 年 9 月，某公司发生一起重伤害事故，该公司对一艘船艏尖舱作业点进行维修作业。高空作业车操作人员王某操作高空作业车，伸展大臂将维修人员张某某从船舷接到高空作业车工作斗。接着，大臂继续往作业点艏尖舱外板处伸展，当工作斗即将接近作业点位置时，高空作业车突然失稳倾倒，大臂迅即失控下沉，碰到码头边缘后搁置，大臂前端及工作斗整体坠入海中，造成同在工作斗中的王某、张某某溺水死亡。经现场勘查轮船船艏尖舱外板中心点与高空作业车回转中心的水平距离 20.90m，现场使用的高空作业车额定载重量 0.3t，水平状态下大臂额定极限应小于 17m（回转中心至工作斗外端）。事发时作业距离（回转中心至外板）大于大臂额定极限。分析事故原因：① 高空作业车安全装置存在缺陷，大臂伸展时无限位保护，超出额定极限，造成高空作业车失稳倾倒；② 王某操作高空作业车，将大臂伸展超出额定极限，造成高空作业车失稳倾倒；③ 张某某从高处进出工作平台，违反了作业人员只能从地面进出工作平台的安全要求；④ 张某某进入工作平台后没有系安全带。

［案例 1-3］2021 年 7 月 15 日，某电厂 2 名外委施工人员使用绝缘斗臂车对变压器中性点隔离开关进行更换，为了图方便，将隔离开关和瓷套放在绝缘斗臂车中，2 人的体重加上设备的质量超过斗臂车能承载的最大质量，最终起升臂掉臂，2 人未系安全带摔下车斗受伤严重。分析事故原因：① 绝缘斗臂车在工作前起升臂就有漏油现象，工作人员工作前未对设备进行检查；② 工作人员高处作业未系安全带进行登高作业，违反《电力安全工作规程》当高度超过 1.5m 时，应使用安全带，或采取其他可靠安全措施的规定；③ 工作人员野蛮作业，工作负责人未认真履行安全职责，未及时制止工作人员的违章行为。

条文 1.2.2　调压井应有防止巡视人员坠落及外来人员进入的措施。水工巡视应选择安全、合理的路线，如有陡崖、坡等不安全因素，应采取安装安全围栏或安全绳措施。

［条款释义］

水电厂输水道上的调压井（塔）作为重要的水工建筑物设施，一般布置于离厂房较远的山体内或户外偏僻处，调压井（塔）周边地形复杂，常有陡崖和高边坡，调压井（塔）区域应有防人员坠落及防外人误入措施，并作为运维人员巡视重点检查项目。上述区域内的巡视检查作业，应不少于两人。

[案例1-4] 2017年8月3日，某在建抽水蓄能电厂，4名临时工在调压井配电室内施工，在没有监护人的情况下，其中1名临时工独自上卫生间，误入调压井井口处，因不熟悉地形，没有考虑周围危险因素，坠入井内死亡。分析事故原因：① 在没有监护人的情况下，该工人误入工作现场，违反《电力安全工作规程》；② 未在危险区域安装安全围栏或安全绳等措施。

条文1.3　防止机械损伤伤亡事故

条文1.3.1　机械设备上的各种安全防护装置及监测、指示、报警、保险、信号装置应完好齐全，有缺损时应及时修复。禁止使用安全防护装置不完整或已失效的机械。

[名词释义]

【安全防护装置】是配置在机械设备上能防止危险因素引起人身伤害，保障人身和设备安全的装置。安全防护装置包括防护装置（如外壳、罩壳）和保护装置（如联锁装置，限位装置等）。

[条款释义]

对运行中的生产设备或零部件超过极限位置，应配置可靠的限位、限速装置和防坠落、防逆转装置；对电气线路要有防触电、防火警装置；对工艺过程中会产生粉尘和有害气体或有害蒸气的设备，应采用自动加料、自动卸料装置，并要有吸入、净化和排放装置；对有害物质的密闭系统，应避免跑、冒、滴、漏，必须配置检测报警装置；对生产剧毒物质的设备，应有渗漏应急救援措施等。借助安全防护装置，可以消除危险或减少危险。机械设备上的各种安全防护装置及监测、指示、报警、保险、信号装置如果不全或者损坏，必然会增加发生机械伤害的概率。

[案例1-5] 某公司用手拉葫芦起吊机床床身进行修理。从事该作业的人员有甲和乙，甲、乙二人均不是专业起重搬运工，为一般机械修理工人。当甲、乙二人用三脚架支承并悬挂好2t手拉葫芦，将吊钩挂入机床床身（2.2t）的吊装钢丝绳后，甲拉动葫芦驱动用的手拉链条驱动链轮，使机床床身缓缓离开地面，乙将平板拖车推入床身下面。当乙正在弯着腰力求将拖车对准床身中部而再调整拖车的位置时，甲开始拉动手拉链条将吊载缓缓下降，突然起升链条断裂造成吊载失落，在接触拖车一刹那发生了翻转，将乙撞倒并压在乙的身上，造成乙死亡。分析事故原因：① 手拉葫芦超载使用，吊物下有人时仍在作业，违反《电力安全工作规程》；② 检查手拉葫芦起升链条断裂处，发现有肉眼可见的微小旧裂痕，可见起升链条内的质量有缺陷，早已存在断裂危险隐患；③ 经检测发现未断裂的其余起升链环有多处拉伸疲劳变形，其变形量已超过原始尺寸5%的报废标准，另外还有多处链环的磨损量也超过原始尺寸10%的报废标准；④ 经查该手拉葫芦使用较频繁，使用期已有7年之久，尚未更换一次起升链条，起升链条已达到报废标准仍继续使用。

[案例1-6] 某厂发生一起触电身亡事故。据现场人员介绍，死者当时正用一台环链电动葫芦起吊其正下方的物料。使用过程中，环链电动葫芦突发故障，不能提升，遂改为用手提物料，结果不幸一人发生了触电事故，当场身亡。分析事故原因：① 由于环链电动葫

芦接线盒进线口护套螺纹松脱，护套脱出，在控制电缆的甩动下，接线盒金属壳锐边割破电缆保护层，一根相线搭壳，致使原本不带电的环链电动葫芦带电；② 环链电动葫芦的电气设计不符合相关规定，控制装置没有采用安全电压，也没有采用接触器来控制环链电动葫芦电机电源的通、断，而是直接通过控制手柄实现相序转换来改变升降方向，增加了触电风险。

2 防止大坝破坏事故

总体情况说明

大坝破坏事故主要表现为：水流漫顶、坝体破损、坝体或坝基失稳、库岸坍滑、渗流侵蚀和管涌等。大坝破坏主要原因有：① 遭遇超设计标准的地震和洪水等外力因素；② 坝址区存在未探明的不利地质结构或地基处理不当；③ 工程设计防洪能力不足（设计泄流能力不足、设计高程不满足标准）；④ 工程结构设计不当或施工质量差；⑤ 运行不当。为防止大坝破坏事故的发生，设计阶段应查明地质条件、做好基础处理，明确设计标准，做好符合实际的大坝及其附属设施的设计；基建施工阶段应严格选材，严格控制工艺，保证工程质量达到设计要求；运行阶段应严格运行管理，做好设备设施的维护和检修，保证设备设施处于良好状态，运行时严格按要求运用设备设施，避免不利工况的发生，现场认真管理、监测与检查，发现异常，及时分析处理。

本章重点针对防止大坝破坏事故反措条款，结合水电厂发展的新趋势、新特点和暴露出的新问题，分析代表性案例及原因，进一步详解了落实防止大坝破坏事故的具体措施。

本章共分为六个部分，内容包括：防止泄洪设备设施故障导致漫坝事故，防止运行方式不合理导致漫坝（或水淹廊道）事故，防止近坝库岸滑坡导致漫坝事故，防止大坝基础失稳导致垮坝事故，防止坝体局部破损造成垮坝事故，防止库盆、库底廊道破坏事故。

特别要指出的是，大坝安全是基于大坝坝体、坝基、库岸边坡、泄洪设施等因素的大坝安全性能综合表现，坝体、坝基、库岸边坡及泄洪设施在运行过程中紧密相关，各因素相互依存，相互牵制，相互影响，常牵一发而动全身。因此，防止大坝破坏事故是一项系统工程，本章虽然分六个部分论述了防止大坝破坏的措施，但在实际运行时应注意各因素之间相辅相成的关系，从各个角度采取措施，共同保证大坝安全的实现。

条文说明

条文 2.1 防止泄洪设备设施故障导致漫坝事故

泄洪设备设施用于调节库容、宣泄洪水，保证水库大坝的安全。泄洪设备设施故障时，洪水无法下泄，库水位不断上升将导致洪水漫坝、垮坝事件发生，严重影响下游人民的生命和财产安全，因此，防止泄洪设备设施故障至关重要。本节重点提出了弧形闸门支铰安装高程、坝顶交通桥梁底高程设计应关注的要点，提出泄洪隧洞及闸门启闭设备在基建安装和运行方面应关注的或是容易疏忽的技术要求。

条文 2.1.1 （设计阶段）坝顶工作桥、交通桥下应有足够的净空，以满足泄洪、排凌及排漂要求，桥工作梁不应阻水，其梁底高程应高于校核洪水下泄时的水面高程。

[条款释义]

坝顶设置工作桥和交通桥，是为了满足溢流闸门、启闭设备布置、操作检修、交通和观测等要求，桥下应有足够的净空可以保证泄洪、排凌和排漂水体能顺利通过闸孔。虽然泄流时水面线在溢流堰顶有一定的跌水，但当梁底高程过低时，水流挟带的冰凌、树枝及其他漂浮杂物碰撞工作梁时，影响工作桥和交通桥安全，同时水体受阻碍无法顺利通过，严重时堵塞闸孔，影响大坝整体安全。故要求桥工作梁底高程应高于校核洪水下泄时的水面高程。

[案例2-1]　1978年，瑞士Palagnedra大坝溢洪时发生树木等漂浮物堵塞于溢洪道与上部交通桥间，导致库水漫坝，下游坝肩部位遭到严重冲刷（见图2-1）；后将坝顶交通桥改建至大坝下游侧（见图2-2），使坝顶溢洪道变成完全开敞式，消除了安全隐患。

图2-1　1978年漫顶的Palagnedra大坝

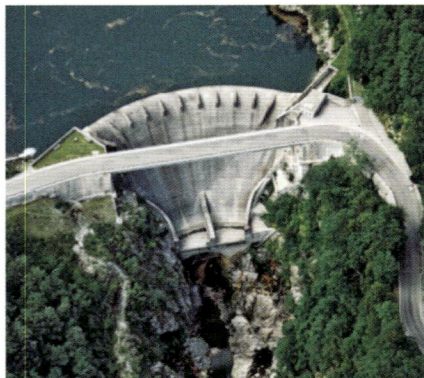

图2-2　坝顶交通桥改建后的Palagnedra大坝

条文 2.1.2　（设计阶段）弧形闸门的支铰宜布置在过流时不受水流及漂浮物冲击的高程上，否则应采取防护措施。

[条款释义]

为了减小闸墩尺寸或降低闸墩高度，有些水电厂弧形闸门支铰设计位置位于洪水水面线附近，泄洪时洪水涌浪或水面漂浮的杂物冲击支铰、影响支铰运转，严重时造成支铰损坏。因此，在设计时应注意支铰位置与洪水水面线的距离，保证过流时支铰不受水流或者漂浮物影响，无法满足该要求时应设计适当的防护措施，以保证泄洪闸门的安全。

[案例2-2]　某水电厂大坝最大坝高40.50m，坝轴线总长435.96m，共设9孔溢流表孔，采用液压启闭机启闭弧形闸门。大坝按为百年一遇洪水设计，相应入库流量13 600m³/s，出库流量13 100m³/s，相应上游水位92.80m、下游水位92.15m；千年一遇洪水校核，相应入库流量17 700m³/s，出库流量16 800m³/s，相应上游水位95.80m、下游水位94.81m。该大坝泄洪闸门支铰中心高程86.50m（见图2-3）。2008年8月6日，热带风暴造成局部地区暴雨，形成较大洪水；洪峰流量为7260m³/s，上游大量漂浮物和600多个网箱冲到坝前，造成溢洪闸门堵塞，影响闸门启闭，严重威胁大坝安全。2008年9月下旬遭遇30年一遇的洪水，溢洪闸门支铰从9月27日一直浸泡到10月1日，支臂在4m多深的水中冲击了5天。在设计洪水或校核洪水工况下，该大坝溢洪闸门支臂和支铰要经受6～10m水深的急流水冲击，水流

挟带的污物在支臂处堆积造成阻流；既影响泄流能力，也容易造成支臂的附加应力，严重的将造成支臂弯曲或失稳破坏，甚至整个门叶的翻转失事。

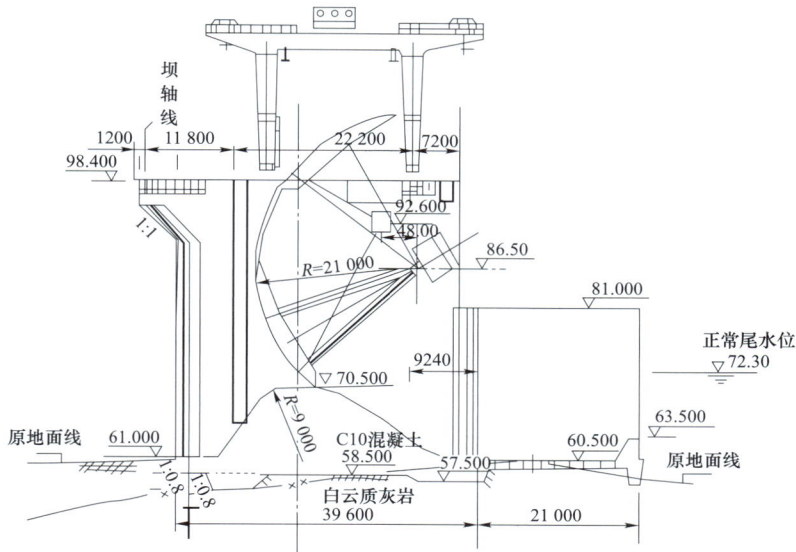

图 2−3 某大坝溢洪闸门支铰安装位置偏低（高程单位：m，其他尺寸单位：mm）
（设计洪水位时，上游水位 92.80m，相应下游水位 92.15m）

条文 2.1.3 （基建阶段）溢洪闸门及启闭设备安装投运的同期，应安装备用柴油机，确保泄洪启闭设备和备用柴油机同时投入运行。

[条款释义]

有泄洪要求的闸门启闭机需要双重电源供电，通常泄洪闸门的启闭电源取自水电厂厂用电，当厂用电电源失电时，需要能快速启动的柴油发电机组作为应急电源，确保供电的可靠性。基建阶段，同样存在泄洪不及时的安全风险，为了保证泄洪设施施工期间可靠运行，要求作为备用电源的柴油发电机组与闸门启闭机同时投入运行。

[案例 2−3] 1998 年 6 月 1 日，某电厂开启溢洪道闸门泄洪时，2 个边孔闸门被已变形的门槽卡住无法开启，中间 5 孔闸门提起过程中输电线路发生倒杆电源中断又无备用电源，闸门开度不足，致使泄洪能力不足，库水急剧上涨漫过坝顶，坝体溃决。

条文 2.1.4 （基建阶段）泄洪隧洞开挖时，应采取可靠的加固、支护处理措施，保证洞口及隧洞洞身的安全稳定性。

[条款释义]

由于勘测精度的影响，复杂多变的隧洞区地质情况，不可能在隧洞施工前完全了解清楚；真实的地质条件大都是在施工中逐渐揭露出来的，往往与开挖前的隧洞设计条件有出入。在开挖期间，尤其在地质情况较复杂洞段和不良地质洞段，应加强观测、摸清实际情况，及时修改设计。隧洞通过较大地质构造时，造成失稳的概率较大，应采取合理的施工方法和开挖程序、选择适宜的支护（衬砌）型式、研究受力条件更好的断面形状、控制运行方式等，甚至采取特殊的施工手段和围岩加固措施；通过多种方案的技术经济比较，选定合理、经济、安全的方案。因此，施工过程中，设计单位对于可能危及施工和运行安全的不良地质问题，应采取必要的现场测试、试验和计算分析，提出针对性的技术措施。

[案例2-4] 某水电厂泄洪洞全长795m，由进口控制段、斜井段、洞身段及出口消能段等部分组成，洞身段长729m，设计为城门洞型，开挖断面为12m×13.5m。2013年3月18日21:23，泄洪洞桩号0+153～0+161.5段发生局部坍塌；3月19日13:45，泄洪洞桩号0+118～0+161.5段再次发生坍塌，塌方体将洞段封堵，塌方长度约43.5m。事故发生的主要原因是泄洪洞桩号0+54～0+221段为闪长玢岩与花岗岩接触部位节理发育，岩体完整性差，有断层通过，属Ⅳ类围岩，主要发育顺洞向与横洞向陡倾角节理及倾向洞外的缓倾角节理，易构成不利组合体且节理面充填泥质，易产生片帮及塌方。因工地气温回升，围岩受冻融影响，稳定性降低，最终造成坍塌事故。因此，隧洞开挖时，应针对不同地质条件，采取可靠的加固、支护处理措施，保证洞身安全稳定。

条文 2.1.5 （运行阶段）泄洪闸门应同步、对称、均匀地启闭，并控制水流出流平顺、流态稳定。

[名词释义]

【同步】泄洪闸门应同步启闭是指闸门操作同一时间段内，各闸门同时执行开启指令或是同时执行关闭指令；而不能在同一时间段内闸门有的执行开启（或是增大开度）指令，而邻近的闸门同时执行关闭（或是减小开度）指令；当不同闸门需要执行开启和关闭相反的指令时，应当在需要开启的闸门完成开启到位后，再执行邻近需要关闭闸门的关闭动作，以保证水流流态平稳。

【对称、均匀】闸门应对称、均匀地启闭是指在同一泄洪区段内左右侧闸门开度应同时启闭，且开度相近，两侧闸门开度的增减应一致，而不能单孔过大开启或是只开单侧闸门，以保证水流平顺、保证下游消能工均匀受力。

[条款释义]

闸门的启闭应遵循同步、对称、均匀的原则，是根据水动力学特性对大坝安全的影响提出的；为防止泄洪水流对建筑物产生不均匀的反作用力，同时考虑泄洪产生的水流、雾化水汽等对大坝下游区域产生的影响最小。泄洪闸门间隔开启，易造成关闭孔与开启孔间的复杂立轴旋涡，水流紊乱，造成坝下冲刷与鼻坎空蚀，可能产生回流淘刷基础。闸门运行控制水流出流平顺，避免在闸前产生横向流、淹没出流和回流对闸门冲击，避免胸墙底部空腔产生"水—气"锤作用的不利影响。

[案例2-5] 某水电厂右消力池净宽72m，全长120m，末端接雷伯克差动式尾坎，对应的泄洪坝段共设3个表孔，表孔弧门尺寸为19m×23m。1996年7月沅水发生了接近100年一遇的洪水，为保护下游安全，控制下泄量为26 400m³/s，上游水位上升至113.26m，超过消能设计水位5.01m，相应下游水位67.40m，低于消能设计水位5.89m。运行中的1号、3号弧形闸门开度为5m，2号闸门全开度运行，进入消力池水流单宽流量分布极不均匀，2号孔单宽流量279m³/s，1号和3号孔单宽流量为115.8m³/s，这种极不均匀的闸门开启方式持续

运行长达 90 余小时。汛后发现消力池底板受到严重破坏（见图 2-4），沿 2 号表孔中心线形成一个顺水流向冲坑，冲坑长约 50m，宽约 16～25m，基岩冲刷深度 13～36m，冲坑四周岩石严重淘刷，上游点距离坝趾仅 3～4m，严重威胁大坝的安全。消力池底板修复后，1998 年 7 月沅水又发生大洪水，最大下泄流量达 23 300m³/s，因闸门采用均匀、对称开启，汛后检查底板未发现异常。

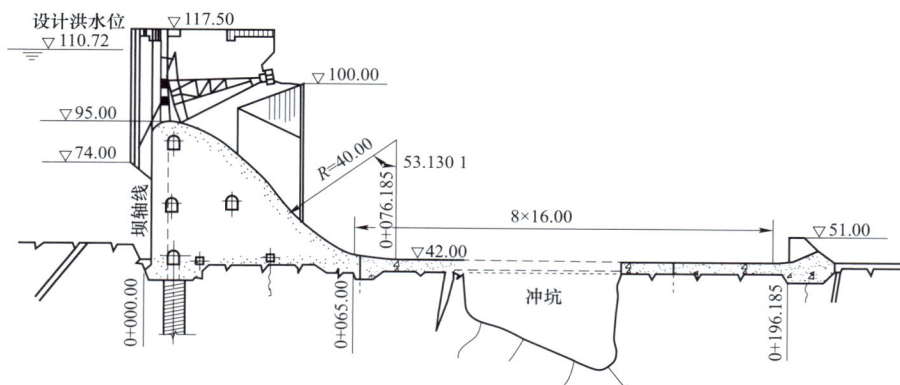

图 2-4 某水电厂右消力池 1996 年损坏纵剖面示意图（高程单位：m，其他尺寸单位：mm）

[案例 2-6] 某水电厂大坝溢流表孔工作闸门采用液压启闭机启闭，2007 年 6 月 15 日，1 号孔闸门（左侧邻近厂房坝段）操作由全开至关闭，同时 3 号孔闸门操作由关闭至全开；此时 2 号孔处于全关状态。在 1 号和 3 号两孔闸门动作的过程中，3 号溢流表孔的水流越过 2 号、1 号溢流表孔，翻越过 1 号溢流表孔左侧厂坝间挡墙，水流流入厂坝间升压站，经厂房端部安装场，水流漫进发电机层，造成机组停机。

条文 2.1.6 （运行阶段）闸门禁止承受冰的静压力，如需在冰冻期间操作闸门，其止水应严密，且应采取保温或加热等措施，使闸门与门槽不致冻结。

[条款释义]

寒冷地区冬季有启闭要求的闸门，闸门与门槽冻结将会造成闸门不能正常开启，甚至发生启闭机过载发生破坏。闸门与门槽冻结，往往是由于闸门止水漏水引起，因此，要求采取措施保证止水尽可能地严密，闸门操作前必须使有相对运动的部分不冻或解冻。

[案例 2-7] 1963 年冬季，海河防潮闸闸门因破冰不及时，致使闸门与门槽冻结在一起。当时未经化冰强行提升闸门，致使起吊钢丝绳被拉断，闸门与门槽均损坏。

[案例 2-8] 1959 年 1 月，永定河官厅水库下游出现冰坝溃决，当时下游三家店拦河闸闸门被冰冻死，无法开闸泄冰，当大量冰块涌入堆积在闸前、部分翻过闸门。在巨大的冰压力作用下，闸门产生了明显的变形，影响闸门启闭。

条文 2.1.7 （运行阶段）闸门启闭时，橡胶水封处宜浇水润滑。闸门启闭过程中应检查滚轮、支铰及顶、底枢等转动部位运行情况，闸门升降或旋转过程有无卡阻，启闭设备左右两侧是否同步，橡胶水封有无损伤。

[条款释义]

在闸门运行中，如未能对橡胶水封及时充分润滑，橡胶水封易发生磨损、撕裂、脆裂等损坏，导致闸门水封漏水。因此，闸门启闭时，为防止橡胶水封与止水座板间干涩、摩擦力过大，避免橡胶水封磨损、撕裂，要求闸门启闭前对橡胶水封处进行浇水润滑，减小橡胶水封与止水座板间的摩阻力。闸门滚轮、支铰及顶、底枢等转动部位转动不灵活，以及闸门左右不同步，均将增大各部位摩阻力，增加启闭机提升荷载，影响启闭机提升，严重时会造成启闭机失事。因此需要在闸门启闭过程中对相关情况进行检查。

[案例2-9]　某水库灌溉洞工作闸门型式为潜孔式平面定轮闸门，闸门尺寸 4.7m×4.7m，底坎高程 103m，设计水头 22.84m，总水压力约 4709kN，闸门重 14.27t；启闭机为固定卷扬式启闭机，启门力 2×630kN，闸门依靠自重关闭，扬程 20m。灌溉洞工作闸门及启闭机于 2003 年 6 月建成并投入使用，2009 年闸门启闭过程中频繁出现卡阻故障，检查发现闸门主轮卡死不能转动，在闸门开启或是关闭过程中，主轮由滚动摩擦变成滑动摩擦，闸门出现卡阻现象；将轮子从其轴上拆卸下来，清理、润滑后重新安装，闸门卡阻故障消除。

条文 2.2　防止运行方式不合理导致漫坝（或水淹廊道）事故

水情信息准确、水位控制有效，是不发生漫坝的有效保证。本节重点从设计、建设和运行三个阶段说明水位、水情信息获取、坝顶高程控制中易疏漏的管理和技术要求。

条文 2.2.1　（设计阶段）土石坝和堆石坝（含面板堆石坝）坝顶（包括土质防渗体）应预留竣工后沉降超高，沉降超高值应根据相应坝段的坝高而变化。

[条款释义]

土石坝和堆石坝筑坝材料为松散结构，随着时间和受力的影响，坝体会有一定的沉降变形；不同的坝高和不同的筑坝材料，永久沉降量有所不同。为保证大坝运行期沉降稳定后坝顶高程仍能满足大坝设计标准要求，保证有足够的防洪安全裕度，施工期大坝坝顶需预留沉降超高。防渗体的沉降超高应充分考虑坝体防渗体沉降后防渗体顶高程仍能满足防渗设计要求。

[案例2-10]　美国汤漱（Taum Sauk）抽水蓄能电厂上库大坝为土石坝，坝高 21.33～27.43m。机组水泵抽水工况运行程序要求，当上库水位上升到距离坝顶 60.96cm 时，自动停泵。但 2005 年 12 月 14 日机组水泵抽水工况运行时，系统未按计划执行自动停泵程序，导致上库水位不断地上涨，库水位过高而漫坝，部分坝体垮塌（见图 2-5）。经查，库水位传感器示数偏小，低于真实水位值 91.44～128.00cm；且大坝预留安全超高不足，设计停泵水位与坝顶高程差为 60.96cm，但大坝多年运行沉降变形较大，失事时设计停泵水位与坝顶高程差仅为 30cm，大坝安全超高不足。

[案例2-11]　某面板堆石坝，最大坝高 93.80m，防浪墙顶高程 369.20m，坝顶长 210.00m，主堆石区为微风化至弱风化花岗岩。1995 年 10 月，坝顶防浪墙浇筑完毕，2001 年 2 月实测防浪墙顶高程为 368.91～369.09m，均低于设计高程，最大差值达 29cm。大坝安全超高不足。

图 2-5 垮塌的汤漱上库坝

条文 2.2.2 （设计阶段）设计常规水电厂水情自动测报系统时，应考虑两种及以上的通信方式，以保证水情信息传递的安全可靠。

[条款释义]

水情自动测报系统是水电厂流域雨水情信息获取的重要手段来源；系统运行稳定、可靠，方可提供准确的信息作为水库调度的依据。水情自动测报系统通信方式常采用短波通信、超短波通信、PSTN 通信、卫星通信、GSM 短信通信等方式，为了保证信息系统的有效性和可靠性，要求系统设计时采用两种及以上的通信方式，以便在一种通信方式受干扰或故障时，仍能通过另一种通信方式保障数据的有效传输。

条文 2.2.3 （设计阶段）应分别设置两套不同原理的水库水位测量装置，实现水库水位的实时监视、测量。水库水位应设置合理的水位警戒值。

[条款释义]

水库水位信息是水库调度的重要参数，正确的水位值获得是水位控制和在水位安全限定值内运行的重要保障，为了保证水位数据获取的准确与可靠，要求采用两套不同原理的水库水位测量装置，互为备用、相互校对，以保障大坝运行安全。

[案例 2-12] 西沟水库位于河南省济源市小浪底水利枢纽大坝左岸西沟上游石板沟内，是小浪底水利枢纽的附属工程。西沟水库大坝为心墙堆石坝，最大坝高 39m，坝顶长度 170m，库容 41.59 万 m³。西沟水库是一座注入式水库，水库蓄水由小浪底水库灌溉洞通过供水支洞引水注入水库。其主要功能为：防止西沟洪水冲刷小浪底工程泄水建筑物的消力池和倒灌小浪底水电厂地下厂房；汛期作为小浪底水电厂机组技术供水的备用清水水源；兼顾桥沟河生态供水。2021 年 3 月 1 日 3:35，灌溉洞供水支洞工作闸门非正常自行开启，水流进入西沟水库内；6:35，西沟水库漫坝，坝体发生局部垮塌；6:53，水流经厂房交通洞进入小浪底水电厂地下厂房；7:00～7:17，小浪底水电厂 6 台机组依次停机；8:37，灌溉洞进口事故闸门关闭；3 月 2 日 2:30，西沟水库放空。事故发生的原因是：水库闸门启闭机维修养护和管理不到位，事故发生前闸门控制系统可编程控制器存在电气故障，处于功能紊乱状态，致使闸门非正常自行开启；灌溉洞供水支洞工作闸门维修养护和管理不到位，长期带病运行；闸门长期没有进行过启闭试验；闸室漏雨、潮湿，除湿防尘措施不力；西沟水库坝前雷达水

位计数据长期异常，水库水位监测缺失；现场视频监控系统未发挥监控作用；工程运行管理相关制度不完善，执行不到位等。

条文 2.2.4 （设计阶段）水库水位测量应选取水流稳定、岩基稳定区域设置固定水位标尺，不得将水位标尺设置在堆石坝面板等大变形区域，并合理设置监视水位的工业电视探头。

[条款释义]

堆石坝存在着较大的沉降变形，设立于堆石坝面板上的水尺将随着大坝一同变形，实际水尺示值与水位实际高程不一致；故强调不得将水位标尺设置在堆石坝面板等大变形区域，而应选取水流稳定、岩基稳定区域设置固定水位标尺。监视水位的工业电视探头作为直接观测水位的手段，探头要求能清晰读出水尺标示水位；故其设置位置应合理。

[案例 2-13] 某水库面板堆石坝主坝北坝段，最大坝高 47m，坝顶长 312m，主堆石区为弱风化至新鲜的熔结凝灰岩、安山玢岩和花岗斑岩。1999 年 12 月工程结束，2006 年 9 月沉降变形测量发现，大坝中部长约 150m 范围内的防浪墙顶和坝顶（靠防浪墙侧）的实际高程，比设计高程低 8~40cm。面板沉降变形大，影响附设于其上的水尺示值准确性，因此水尺不应设置于面板上。

条文 2.2.5 （基建阶段）应合理设置施工期水情信息采集站点，有效获取流域水情信息，完善预防预警机制，保证施工度汛安全。

[条款释义]

大坝建设期间，流域水情信息系统尚未完整建立，不利于有效获得流域雨水情信息；现场施工参与人员复杂，各层级对获得的水情信息发布不及时，部分工程人员可能因未及时获得相关信息，而存在安全风险。因此，应针对大坝安全需要，在对坝址影响较大的控制断面设置必要的信息采集站点，完善预防预警机制，使得信息传递及时、全覆盖，保证预防预警机制能有效发挥，以保证施工度汛安全。

[案例 2-14] 2004 年 5 月 26~27 日，清江流域骤降暴雨，27 日下午 5:49，大龙潭水利枢纽工程（在建）洪峰流量达到 1071m³/s，洪水漫过围堰导致围堰溃决，致使发电引水洞内 4 名施工人员死亡，下游河滩便道上一辆面包车被洪水冲走，车内 14 人死亡。事故发生的原因是：① 洪水超过围堰设计防洪标准；② 项目管理单位没有按要求制定防汛预案、安全措施不落实、临场抢险指挥不当，防汛责任制不落实等。项目管理混乱，水情信息传递不及时是造成人员死亡的重要原因之一；在接到水文局洪水预警时现场项目部未能及时通知和疏散现场施工人员，且未及时上报相关部门提醒下游居民撤离。

2.2.6 （运行阶段）梯级上下级水库调度变化应相互沟通与协调，合理调度各水库蓄放水次序，保证水库调度的合理有效。

[条款释义]

梯级上下级水库之间存在着很强的水力联系，上下级水库调度信息的相互沟通就尤其重要，及时通报上下级水库调度信息，合理协调水库蓄放水计划，可以保证上下级水库的安全和经济。

[案例2-15] 2020年8月11~18日，四川普降特大暴雨，总雨量超过2013年、1981年四川暴雨过程，致使岷江（包括大渡河）、沱江、嘉陵江发生特大洪水，同时金沙江和雅砻江来水也有增加；8月14日长江第4号洪峰形成，最大流量达到62 000m³/s，40h后的17日长江5号洪峰形成，20日长江上游5号洪峰和嘉陵江2号洪峰在重庆遭遇，寸滩水文站水位达到191.62m，超过1981年水位0.21m，是重庆市115年来最高水位洪水，但最大洪峰流量低于1981年（85 700m³/s），三峡水库迎来建库以来最大入库流量75 000m³/s，根据长江防办调令，三峡水库出库流量按49 200m³/s下泄，削峰率达34.4%，水库水位达到167.65m，创三峡建库以来主汛期最高水位，合理调度上下游水库蓄水，保证上下游水库的安全。

条文2.3 防止近坝库岸滑坡导致漫坝事故

近坝库岸靠近或直接与大坝接触，岸坡一旦坍滑，不仅淤塞水库，而且滑坡体高速滑入水库形成的涌浪翻越坝顶，可能导致大坝失事，造成重大灾难性事故。岸坡的稳定主要取决于坝址区的地质条件，因此需要认真查明坝址区的地质特性，查明岩体的软弱岩带和结构面，了解地下水位情况，评估库水位变化对岸坡地下水位、库岸稳定性的影响。本节重点从设计、建设和运行环节提出边坡排水、监测的技术要点。

条文2.3.1 （设计阶段）近坝库岸区域，高、陡边坡或地质条件复杂的边坡及有可能发生滑坡的岸坡应采取有效的边坡加固措施，并设计满足精度要求的监测方案。

[条款释义]

近坝库岸边坡不稳定，将影响水库和大坝的安全，因此需要判明地质情况，采取有效措施进行加固处理；为了较好地评价边坡稳定性，需要设计相应的监测方案，以便及时跟踪与反馈边坡的变形和渗流情况。

[案例2-16] 意大利瓦伊昂（Vajont）大坝始建于1956年，1960年2月开始蓄水，1960年9月建成。1963年9月28日至10月9日，水库上游连降大雨，库水位壅高，引起两岸地下水位升高，因其地质构造原因，大坝上游近坝左岸山体约2.5亿m³巨大岩体发生高速滑坡，以25m/s的速度冲入水库，淤积于坝前（见图2-6），使库水产生涌浪。大约3000万m³的库水翻越坝顶泄入下游河谷，翻坝的水流在右岸超出坝顶高度约250m，左岸约150m，水流以巨大流速涌向下游，摧毁了下游3km处的隆加罗市（Longarone）及其下游数个村镇，造成2000余人丧生。水库左岸山体滑坡的原因是，大坝所在的峡谷区由巨厚的侏罗系中统厚层石灰岩、侏罗系上统薄层泥灰岩与白垩系下统厚层燧石灰岩的岩层构成，经过强烈构造变位的石灰岩在岸坡上部以33°~40°倾角倾向于河床，滑体具有良好的临空条件；构造裂隙系统分割了岸坡岩体；受地下水位影响，滑坡体岩层沿着已软化的泥灰岩及黏土夹层（属上侏罗统）滑动。1960年10~11月水库蓄水初期，左岸山体即出现了裂缝和局部坍滑，但未引起大坝建设者和运行人员的足够重视，未查明原因，仍然继续蓄水，导致了灾难性事故的发生。

图 2-6 失事后的瓦伊昂大坝库区

条文 2.3.2 （设计阶段）溢洪道岸坡、高边坡的排水应分层设置，且排水通道应可靠、完整。

[条款释义]

水的存在易造成岩体内部软弱结构面充填物的软化，致使滑动面抗剪强度降低，或造成滑裂体内部静水压力升高、加大下滑力；因此，排除地表水、降低地下水位对边坡稳定是十分重要的。近坝库岸边坡的排水和防渗包括地表水、地下水的排水措施和阻隔地表水下渗的防渗措施的采用。地表排水、地下排水应与防渗措施统一考虑，使之形成相辅相成的防、排体系。边坡内部排水可设置为排水洞；地表排水系统包括边坡坡面及其以外的集水面积内的截水、排水等设施。

条文 2.3.3 （基建阶段）根据设计监测方案，定期监测高、陡边坡或地质条件复杂的边坡及有可能发生滑坡的岸坡，及时分析监测成果提出预警和处理措施。

[条款释义]

高、陡边坡和地质条件复杂边坡的安全风险较高，因此在设计阶段需要提出专门的针对性监测方案；建设过程，施工扰动和边坡临空面的增加，增大了边坡坍塌的安全风险，因此要求在施工过程中，及时分析边坡监测数据成果，以便对异常情况及时提出预警，并采取措施消除安全风险。

[案例 2-17] 某大坝右岸边坡位于右坝头至坝下 0+280.00m 段，分布高程 158～275m，坡面倾向河床，自然坡度 32°～42°，呈顺向坡结构。边坡岩层为云母石英片岩，片理结构发育，边坡中上部岩体风化剧烈，多呈全风化～强风化状。边坡下部切脚较深，最大切层厚度 15cm，施工过程中岩裂面发生多次坍塌，边坡稳定性差。工程采取消坡减载、设置混凝土框、坡脚打水平向排水孔、马道上设置截水沟等组合措施，监测数据表明边坡处理措施完成后，边坡地下水位降低、边坡表面和深层位移稳定，边坡处于稳定状态。

条文 2.3.4 （运行阶段）应按设计确定的库水位允许最大变化速率控制水位，以保证大坝及边坡稳定。

[条款释义]

水库水位升降速率过快，将导致大坝坝坡和边坡失稳，因此，需要按照设计提出的允许最大变化速率控制水位的升降，以保持大坝坝坡和边坡的内外水压差不至于过大，保证坝坡和边坡渗流稳定。

[案例2-18] 2005年11月12日，某水电厂因机组进水口拦污栅堵塞严重而组织腾库清淤工作，在水库水位削落期间，因降水位速率过快，库区周边局部软弱堆积体产生裂缝、发生坍塌（见图2-7）。

图2-7 因水库降水位导致水库边坡垮塌

条文2.3.5 （运行阶段）应定期维护水库和大坝岸坡、近坝工程边坡设置的表面和深层排水系统，防止堵塞，保证排水的有效性。

[条款释义]

岸坡和边坡的表面排水、深层排水系统保持完整、畅通，防止地表水渗入边坡内部，有效降低边坡地下水位，提升边坡自身稳定性。日常运行过程中，应定期维护岸坡和边坡的截排水系统，保证排水沟、排水管和排水洞等结构完整、畅通。

条文2.3.6 （运行阶段）定期检查水库和大坝的岸坡排水和裂缝情况，重点库岸内、外边坡和近坝工程边坡应定期监测其表面裂缝、外部变形、地下水位和深层位移，若发现异常监测变量，应立即分析原因，采取相应的处理措施。

[条款释义]

库岸边坡的地下水位突然变化，排水量异常增大、水质浑浊，坡体发生异常裂缝和变形等都是边坡失稳的可能征兆，日常运行中定期检查库岸边坡情况，发现异常征兆，及时分析原因，有利于尽早采取措施，避免边坡失稳。

条文2.3.7 （运行阶段）近坝库岸发现有滑坡体的，应论证滑坡是否可能导致漫坝事故发生。对可能导致漫坝事故的潜在滑坡体应设置监测设施，并纳入巡查和监测范围，及时分析监测成果。

[条款释义]

水库蓄水后，库岸环境会有明显改变，库水渗透、浸泡作用将改变原有岸坡的平衡状态，较大规模滑坡形成前通常会有小型滑坡、崩塌发生。可通过小型滑坡的监测数据结合滑坡涌浪模型试验，模拟库水产生的涌浪高度，预测滑坡的危害程度，制定相应的预警、加固等防范措施。

[案例2-19] 2007年4月，某水库大坝左岸出现山体滑坡险情，导致输水隧洞错断、堵塞。采用削坡、减载、压坡、截水、排水等工程措施，并安装布设监测设施。滑坡治理工程结束后，在2009年7月9日该地区发生地震，但工程各项监测指标正常，工程安全。

条文 2.4 防止大坝基础失稳导致垮坝事故

坝体依靠与坝基和岸坡的紧密结合来抵抗外部荷载的作用，坝基若出现问题将直接威胁大坝的安全。坝基破坏主要由坝基地质缺陷或处理不当引起。本节重点提出了防止坝基失稳应保证的工程地质勘察、地基处理、消力池建设的设计、施工和运行技术要求。

条文 2.4.1 （设计阶段）采用底流消能方式的消能工，禁止排漂和排凌。

[名词释义]

【底流消能】利用水跃消除从泄水建筑物贴底泄出的急流的余能、将急流转变为缓流与下游水流相衔接的消能方式，也称为水跃消能。

【消能工】在泄水建筑物和落差建筑物中，为消耗分散水流的能量，防止或减轻水流对水工建筑物及其下游河渠等的冲刷破坏而修建的工程设施。

[条款释义]

采用底流消能方式时，消能工内的水流流态紊乱、与消能工撞击和摩擦剧烈。若底流消能工进行排漂或排凌将造成漂排和冰凌对消能工的剧烈撞击，损坏消能工，因此需要避免。

条文 2.4.2 （设计阶段）坝体与坝基及岸坡的连接应妥善设计和处理。连接面不应发生水力劈裂和邻近接触面岩石大量漏水，禁止形成影响坝体稳定的软弱层面，不应由于岸坡形状或坡度不当引起不均匀沉降而导致坝体裂缝。

[条款释义]

坝体与坝基及岸坡的连接，往往因为是不同材质的连接，存在接触界面间隙，易形成渗流通道，影响稳定。

[案例2-20] 某连拱坝于1962年11月6日监测发现右岸山坡坝基大量漏水，总渗量70L/s，随即检查得知右岸基岩发生错动，立即把水库放空并于1963～1965年进行了加固处理，避免了一场溃坝事故。

条文 2.4.3 （基建阶段）应有效处理施工中发现的坝基内不利断层或节理，防止水库蓄水后，由于受到地下渗水的冲蚀或受到洪水浸流冲刷导致坝基岩体坍滑破坏。

坝基开挖的深度应根据坝基应力、岩石强度及其完整性，结合上部结构对地基的要求研究确定。高坝应挖至新鲜或微风化基岩；中坝宜挖至微风化或弱风化基岩。对于靠近坝基面的缓倾角软弱夹层，埋藏不深的溶洞、溶蚀面应尽量挖除。可采取的处理方式有锚索、防渗墙等。

[**案例 2−21**] 某大坝中部为混凝土重力坝，左右两岸采用土坝与两岸相接，最大坝高22.5m；混凝土坝基为软弱黏土质粉砂岩、抗压强度低，遇水极易风化崩解，且坝基存在断层28 条，节理裂隙 251 条，地质条件复杂，部分裂隙渗透性好。1977 年 5 月大坝投入运行；9月，发现 6～8 号坝基渗漏明显增大，坝基扬压力超设计值。为此，大坝多年处于低水位运行，并进行了多年的补强和防渗处理（见图 2−8），延长坝前混凝土铺盖、增设防渗墙以及铺盖廊道等。

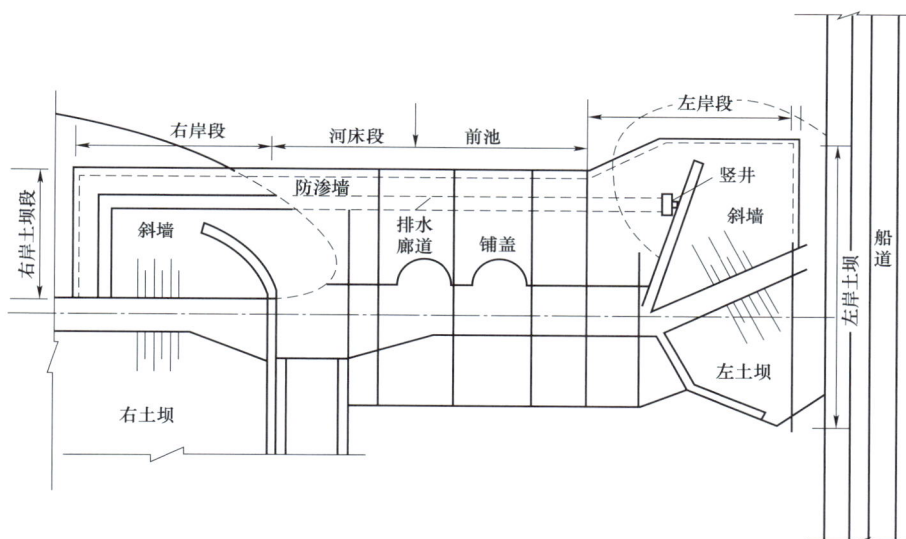

图 2−8 某大坝坝基防渗排水布置图

条文 2.4.4 （基建阶段）严格控制固结灌浆和帷幕灌浆质量。主帷幕应在水库蓄水前完成。坝基排水孔应在固结灌浆、帷幕灌浆、接触灌浆等完成后钻孔，防止在灌浆过程中水泥窜入排水孔内堵塞排水通道。

[条款释义]

固结灌浆和帷幕灌浆是大坝与地基、坝肩连成一体、整体防渗的重要措施，其质量好坏将影响大坝防渗效果。主帷幕在水库蓄水前完成，可保证灌浆施工质量和大坝防渗效果；而坝基排水孔等灌浆完成后再钻孔，可保证排水孔不被灌浆浆液堵塞，保证排水系统的有效性。

条文 2.4.5 （基建阶段）应严格控制初次蓄水期水位上升的速率，监测大坝及基础的变形和渗漏情况，防止水位上升过快导致坝基失稳变形，引起失事。

水库初次蓄水是考验大坝坝体和坝基质量的关键，严格控制水位上升速率，使坝体和坝基稳步建立渗流场，保证坝体和坝基渗流稳定；同时，也可以有时间对坝体和坝基进行检查，检查坝体和坝基质量，及时发现异常迹象、及时处置，保证安全。

条文 2.4.6 （运行阶段）应定期检查坝基、坝肩和溢洪道底板变形及裂缝情况，监测大坝变形、渗漏量、扬压力，分析坝基稳定性，如有异常应立即采取措施处理。

坝基、坝肩和溢洪道底板的异常变形、裂缝是大坝和溢洪道损坏的重要征兆。日常运行中，定期对大坝和溢洪道基础部位进行检查，分析坝体和溢洪道变形、渗漏量和扬压力，可有效地避免大坝和溢洪道损坏和失事。

［案例 2-22］ 白云混凝土面板堆石坝最大坝高 120m，水库库容 3.6 亿 m³，2000 年投运。监测成果表明，大坝渗漏量自 2008 年开始持续增大，2012 年大坝渗漏量超过 1200L/s（见图 2-9）。对面板进行渗漏检测，发现面板下部存在大范围的渗水区域。水库放空后，将面板破损部位挖开检查发现大坝左岸 473m 高程以下大范围塌陷破坏，因及时采取降水位处理，避免了大坝的失事。

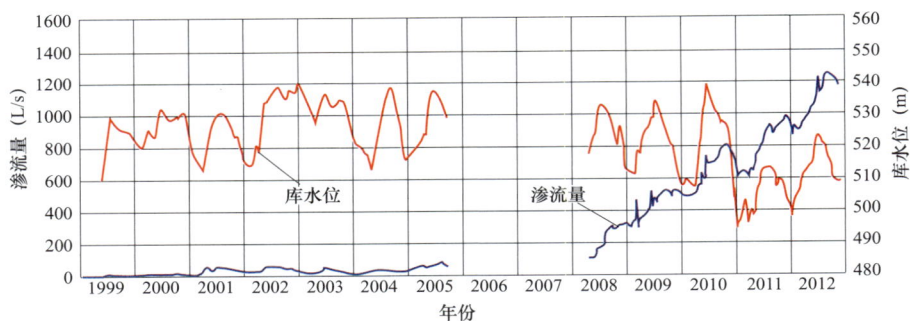

图 2-9　白云大坝渗流监测数据过程线

条文 2.4.7 （运行阶段）定期开展建筑物水下部分检查和水下地形测量，重点检查消力池底板及尾坎、坝体与基岩接触面、导墙基础等部位。

溢洪道孔口和机组进水口周边、抽水蓄能电厂水库面板等部位受水位变化频繁、水流变化冲击等因素影响，易产生裂缝、淘蚀等缺陷；水工建筑物与基础、岸坡结合部位，因施工质量不佳或不同结构结合处变形不协调，易产生开裂、渗水等缺陷；消力池运行过程中因水流流态差，池底板和尾坎部位常产生空蚀、剥蚀破坏。上述部位受限于位置因素日常巡检中难以检查，缺陷不能及时发现，因此需要定期开展水下检查、水下地形测量，并针对不同部位特点，落实检查重点。

［案例 2-23］ 某水电厂溢流坝自 1965 年 5 月投入运行后，消力池底板冲蚀严重。经过

多次修补处理，1981年9月汛期后检查发现，一级消力池冲毁面积2000m²，深1～2m，大部分钢筋外露，冲走混凝土约2600m³。

[案例2-24]　某水电厂消力池于1985年开始施工，1989年全面竣工。底板表层防冲混凝土与下层混凝土浇筑间隔时间为1～3年，间断时间过长，先浇混凝土表面未做任何特殊处理，因此形成水平薄弱接触面，成为日后消力池防冲层失稳损坏的根本原因。1996年初消力池抽干积水检查时发现：池内大量堆渣总计1300m³，底板裂缝共20余条，消力池表面防冲层与基础混凝土脱开，底板普遍上鼓，池底板和边墙严重磨蚀。2000年3月消力池抽水检查发现：底板已发生抬动，面层混凝土与基础混凝土之间脱开，结构缝开裂，底板表面磨蚀严重，部分板块出现冲坑、钢筋外露，反弧段破坏等情况。说明水工建筑物水下部分需要定期开展检查，以便及时发现问题，尽早修复。

条文2.5　防止坝体局部破损造成垮坝事故

由于设计缺陷、施工质量差或是由于地基处理不当等因素，可能影响坝体稳定性，造成坝体不密实、裂缝、渗水、析钙，在坝基或坝体内形成渗水通道或坝后出现渗透破坏、坝体严重破损漏水，进而发展成垮坝。本节重点强调关注坝体强度、应力、混凝土表面抗冲耐磨防空蚀性能，严格控制筑坝材料质量，把握施工工艺，从设计和施工方面保证坝体坝坡稳定性、控制大坝变形、保证坝体防渗性能。筑坝材料、坝型的差异使得产生坝体局部破损的原因多种多样，应分别考虑材料和坝型的差异而采取不同的技术措施。

条文2.5.1　（设计阶段）面板堆石坝趾板上游边坡应按永久边坡设计，以防止趾板上游开挖边坡在运行期失稳，砸坏岸坡附近的趾板、周边缝止水及附近的面板。面板堆石坝在坝肩布置溢洪道时，应做好面板和溢洪道边墙或导墙的连接设计。

[条款释义]

面板堆石坝趾板上游边坡失稳将影响趾板和大坝面板结构安全，因此应做好边坡设计，保证施工和运行期间边坡安全稳定。面板与溢洪道由于结构型式不同、地基基础不一样，故二者变形不一致，因此在设计时应做好该处的结构设计，保证该处可靠连接，不产生渗漏。

[案例2-25]　某大坝为混凝土面板堆石坝，2019年12月检查时发现大坝迎水面有一处渗漏点，该缺陷位于大坝左L11块面板与溢洪道引水渠段右导墙趾墙连接的H型接缝侧，高程约264m，缺陷所处位置为趾墙的一条水平施工层面缝（见图2-10）。混凝土表面破损处宽约12cm、最大高约6cm，旁侧H型缝面层弧形三合橡胶板已经塌陷，揭开H型缝表层止水材料后发现，与趾板底部连接的F型止水铜片存在局部破损（见图2-11），铜片破损处长约40cm、宽约8cm，透过孔洞可见面板下部垫层料缺失，存在空腔，空腔竖向高度约180cm、横向宽度约80cm、洞底上下游方向约40cm，空腔底部仅见粒径约2～3cm的砾石，未见细颗粒骨料。该处缺陷是由于面板与溢洪道导墙趾板连接部位施工层面缝未做好连接处理，在长期水压的影响下形成的。

图 2-10　缺陷表面缺口形状

图 2-11　止水铜片破损部位

条文 2.5.2 （设计阶段）改扩建混凝土坝应保证新旧坝体结合紧密，防止结合缝质量差，承受荷载后产生开裂，引起大坝失事。

[条款释义]

新旧坝体混凝土结合处理不当，将形成渗漏通道，影响大坝坝体稳定，因此改扩建的大坝应注意新旧施工层面结合缝的处理，防止出现贯穿性裂缝。

[案例 2-26]　某大坝高 150m，是在 88m 高拱坝上加高的混凝土面板堆石坝，堆石采用部分碾压、部分抛填。由于新旧坝体接缝设计不合理、垫层料中无细料及坝体变形大等原因，发生了 14m³/s 的渗水。

条文 2.5.3 （基建阶段）因施工期临时度汛或水库初期蓄水，拱坝部分拱圈尚未封拱时，应对拱坝和部分悬臂梁联合挡水进行专门论证，保证拱坝施工期和运行初期的安全。

[条款释义]

在拱梁分载法计算时，一般假定坝体自重全部由梁来承担，这相当于假定坝体全部浇筑完毕后再进行横缝接缝灌浆。但对于高坝，在实际施工中，往往要求坝体浇筑到某一高程后即进行横缝灌浆。对于下部已经连接成整体的那部分坝体，在承受上部坝体自重时，需考虑梁和拱的共同受力作用，按施工顺序进行应力分析。如果拱坝采用分期施工或分期蓄水，坝体应力计算必须根据施工、蓄水进度的安排，划分为若干个设计阶段，按照各个阶段已经形成的拱坝体形和作用，分别计算各个阶段所产生的应力，然后进行叠加，得到坝体最终应力。封拱温度是温度荷载计算的起点，合理选择封拱温度是拱坝设计的关键点之一。

条文 2.5.4 （基建阶段）土石坝坝体与混凝土坝、溢洪道、船闸、涵管等建筑物的连接，应防止接触面集中渗流，或因不均匀沉降而产生的裂缝，以及水流对上、下游坝坡和坡脚的冲刷等因素的有害影响。

[条款释义]

不同介质的建筑物或结构物连接，施工过程中局部易出现脱空，且不同介质因变形不一致接触面易产生缝隙，形成渗流通道。

[案例2-27] 2019年8月1日，英国托德布鲁克水库（Toddbrook Reservoir）大坝辅助溢洪道局部损坏（见图2-12）。该水库建于1837～1840年，大坝为土坝，高24m、长约310m、坝顶宽度约5m，库容128.8万 m^3，主溢流堰位于坝体左侧；为增加溢流量，1969～1970年在土坝上新建了辅助溢洪道（即此次发生事故的溢洪道），长76m，堰顶高程比主溢洪道高0.26m。大坝破坏的原因是：辅助溢洪道设计不合理及未按期对坝体进行维护；溢洪道顶部和坝体心墙之间缺乏有效的齿墙，水流可沿接缝进入泄槽底板下方侵蚀坝体填土；顶部施工缝的渗水可渗入未安装止水带且未定期维护的纵向接缝；由渗漏水引起的侵蚀导致溢洪道泄槽沉降并开裂。

图2-12　托德布鲁克水库大坝辅助溢洪道局部损坏

[案例2-28] 2017年2月美国奥罗维尔（Oroville）坝主溢洪道运行期间，溢洪道泄槽底板裂缝与接缝出现喷水现象（见图2-13），最终溢洪道损毁，大范围底板被掀起，基础及部分边坡严重冲刷（见图2-14）。该溢洪道破坏的原因是：溢洪道泄槽基础地质条件差，底板混凝土质量差，底板强度和锚固力不足，且基础因渗流发生冲蚀，基础土体颗粒流失，形成空洞，进而导致溢洪道底板塌陷、损坏。

图2-13　奥罗维尔坝溢洪道底板漏水初期

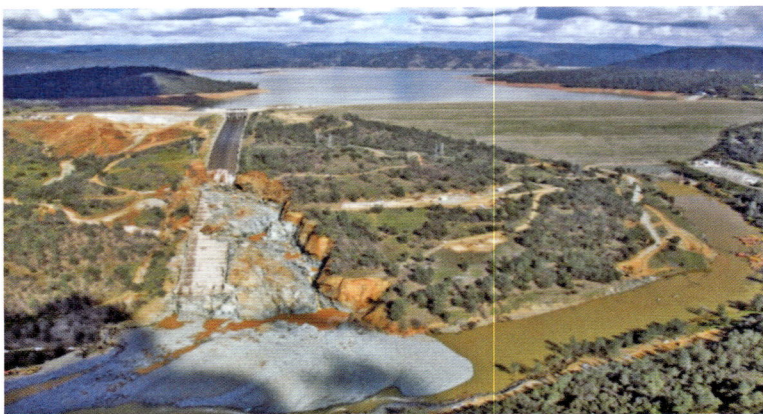

图 2-14 奥罗维尔坝溢洪道冲刷破坏

条文 2.5.5 （基建阶段）面板堆石坝应尽可能减少面板浇筑分期，合理选择面板混凝土浇筑时间，避开面板下部堆石体变形的高峰期。分期浇筑的面板和施工冷缝应严格按规范工序要求处理，确保新旧混凝土结合严密。面板基础表面及侧面整体应平顺，不应有大的起伏差，不应形成局部深坑或尖包。面板应形成封闭的止水系统，以防通过垂直缝的渗水进入周边缝内。

[条款释义]

面板混凝土分期浇筑形成冷缝是分期面板脱空的主要原因，故应尽可能减少面板分期施工的次数。监测成果表明，面板堆石坝的变形大部分在施工期完成，后期变形与坝料压实密度、母岩特性等有关。有研究资料表明坝体堆石体填筑后前期 3 个月内沉降变形速率最大且收敛较快。因此面板浇筑时应避开堆石体沉降的高峰期，以控制坝体和面板的变形协调，尽可能减少面板的脱空。面板基础表面起伏大、局部有深坑或突出尖角，可导致混凝土浇筑块厚度不均匀，易造成局部应力集中，产生混凝土裂缝。面板及其止水是坝体主要防渗体系，要求周边缝和垂直缝内的各种止水材料自成或相互组合成封闭止水系统，否则通过垂直缝的渗水可能进入周边缝内，使中部、顶部止水带和缝顶塑性填料失去止水功能。

条文 2.5.6 （基建阶段）面板堆石坝垫层料应具有良好的级配、内部结构稳定或自反滤稳定要求。寒冷地区存在冻胀问题，抽水蓄能电厂水位变化速度快、变幅大，为保证面板稳定，要求垫层区应有较好的排水性能。

[条款释义]

为了保持坝体渗流控制的有效性，必须发挥垫层料在渗流控制中的作用。垫层区具有半透水性，可使渗水安全地通过坝体；只要垫层区在渗流作用下不被冲蚀，垫层区就能保持其半透水性。因此要求垫层料是内部结构稳定或自反滤稳定的材料，以保证其内部结构稳定和半透水性。抽水蓄能电厂库水位变化频繁、变化幅度大。水位骤降时，如果垫层料排水不畅，垫层内积水将对面板产生反向水压力；地处寒冷地区的大坝，冬季面板和垫层内积水冻胀将对面板产生冻胀力；反向水压力和冻胀力对面板具有破坏作用，而垫层区良好的排水性能可有效降低该破坏作用；因此，为保证面板安全稳定，要求垫层区具有较好的排水性能。

条文 2.5.7 （基建阶段）施工过程中，应对土石坝的沉降、孔隙压力、总应力和位移等项目的原型观测和施工质量检测资料及时进行分析，判断设计成果的正确性和合理性，论证是否需要采取工程措施或修正设计。

[条款释义]

工程施工过程中监测数据分析以及施工质量的检测分析，可以及时发现土石坝坝体和坝基的异常，以便及时采取措施进行处理，消除工程隐患。

条文 2.5.8 （基建阶段）加强门槽施工质量管理，保证闸门埋件及二期混凝土浇筑质量，对隐蔽工程做好验收和记录。

[条款释义]

闸门门槽埋件与门体配合良好，可保证闸门启闭自如、止水良好，且埋件应将所承受的荷载安全地传递到混凝土中；埋件安装质量及混凝土浇筑质量不良可能造成闸门在启闭过程中有卡阻现象，二期混凝土质量不佳，将导致水流绕过闸门从混凝土内部直接漏到下游，严重的将影响闸门和大坝的安全。

[案例 2-29] 1998 年 2 月 10 日，某水电厂放空洞检查时发现左孔事故检修门槽损坏，进一步水下检查发现门槽下游护角钢板翘起，内部二期混凝土破碎剥落，放空洞不能使用，被迫将水库汛期起调水位降低 1.5m。事故检修门槽损坏的主要原因是门槽未按图纸施工、没有将护角板（水封座板）与主轨用螺栓穿孔连接起来并整体封焊，而是将护角板一些孔位切割成槽形嵌插在螺栓处、且未封焊；其次是二期混凝土施工质量差，在长期泄洪水流的冲击以及闸门关闭后的渗透压力作用下，造成左孔两侧胸墙以下大部分门槽护角板被挤压脱开，护角板下面的二期混凝土开裂破碎，不少混凝土碎块被冲走。因此门槽埋件及其二期混凝土施工质量的过程管控十分重要。

条文 2.5.9 （运行阶段）应注意拱坝库空或低水位运行期最不利的温度条件下的不利组合工况，密切监测各不利工况下坝体变化情况，防止坝体开裂。

[条款释义]

拱坝因坝体薄，坝身与环境接触面大，故对温度应力十分敏感。当拱坝处于低水位运行时，坝体遇到极端气温，坝体和坝基可能产生开裂，产生不可逆的变形，影响大坝安全。

[案例 2-30] 某水库大坝为砌石双曲薄拱坝，设计的最大坝高为 81.5m。裂缝发生在一期蓄水后的施工期（分两期蓄水）。2007 年 11 月，大坝右岸坝顶路面发现一条表面裂缝（3号裂缝）。2008 年 1 月，大坝坝顶又发现三条裂缝，其中右岸两条（1 号、2 号）、左岸一条（4 号），缝宽 1～4mm，上游缝长 5～7m，下游缝长 0.8～5m；3 号缝发展为缝宽 1～3mm，上游缝长 6m，下游缝长 4.5m。2008 年 2 月 25 日，对大坝裂缝问题进行了专题分析。根据大坝应力计算的成果，坝顶两拱端附近在"温降+死水位"工况下拉应力较大。大坝 378m 高程以上的坝体大部分是在 2007 年 9 月以后砌筑，而 11 月份即完成宽缝封堵施工，使坝体温度未及时下降即被封拱，导致封拱温度偏高。2008 年 1～2 月该区域遭遇了五十年不遇的持续超低温天气，水库一直保持在死水位附近运行。封拱温度偏高、低水位运行和持续超低温

天气是产生裂缝的主要原因。

条文 2.5.10 （运行阶段）定期开展大坝水下检查，重点检查闸门槽二期混凝土、坝体与基岩交接部位、各孔口周边坝体混凝土的完整性，发现破损应及时修复。

[条款释义]

闸门槽二期混凝土、坝体与基岩交接部位、各孔口周边坝体混凝土等部位是大坝的薄弱环节，定期开展水下检查，对其进行检查，发现破损及时修复，以避免小缺陷变成大隐患。

[案例2－31] 某大坝为混凝土重力坝，采用 12 个溢流表孔和 2 个泄水底孔承担泄洪任务。2003 年 12 月检查发现 2 号泄水底孔事故检修闸门左侧门槽钢衬板和闸门钢轨之间严重开裂，开裂处出现较大范围混凝土淘空破坏。2005 年 8 月关闭检修闸门时，发现事故检修闸门左侧门槽距顶部约 1m 处混凝土漏水严重，水流呈喷射状。检查发现事故检修闸门门槽安装质量欠佳，钢轨和护角钢衬之间的连接未严格按设计要求完成，混凝土浇捣不密实。针对缺陷情况，运行单位制订专项修复方案，订制浮动闸门封堵孔口，对检修门槽损坏的混凝土和钢轨部位进行了修复。

条文 2.5.11 （运行阶段）定期检查大坝坝体情况，及时分析处理大坝出现的裂缝、局部破损现象，确保大坝处于良好状态。应加强渗漏水量监测和日常巡查，发现管涌迹象，立即采取抢险措施并及时上报。

[条款释义]

坝体裂缝、局部破损、局部渗漏等大坝缺陷及时发现与修复，可避免小缺陷变成大隐患，降低大坝运行安全风险。日常运行期，应定期检查分析，排除隐患。渗透破坏是土石坝常见的一种破坏形式，管涌破坏在渗透破坏中占有很大比例，若发现渗透破坏、管涌应及时处置，保证大坝安全。

[案例2－32] 某碾压混凝土坝自投运以来坝体多个水平碾压施工层面漏水、析钙严重，2001 年 1 月，经设计复核，坝体抗滑稳定裕度不足，专家组评定该坝为病坝。2003～2004年对坝体采用水泥灌浆进行了补强加固处理，加固工程竣工后，专家进行复审验收合格，大坝评价为正常坝。

[案例2－33] 某大坝为钢筋混凝土面板堆石坝，最大坝高 78m，1990 年蓄水后出现渗漏，且面板下部出现脱空现象，经分析认证后，对面板脱空部位进行了处理：对面板出现破损且需重新浇筑混凝土的部位，采用回填改性垫层料、然后浇筑混凝土；对脱空严重但面板较为完整的部位，采用凿孔充填灌浆。回填垫层料为掺加 5%～8% 水泥的改性垫层料，充填灌浆料为掺加适量粉煤灰的水泥砂浆。经处理后，大坝渗漏明显改善，效果较好。

条文 2.5.12 （运行阶段）当水库上游发现大体积漂浮物可能撞击大坝时，应立即上报，采取措施进行固定；漂浮物已到坝前时应尽量控制水库出库流量，减小漂浮物的行进速度，以减轻其对大坝的冲击力，再采取可能措施进行处理。

[条款释义]

大体积漂浮物撞击大坝易使大坝结构损坏，因此需要及时采取固定漂浮物或是控制水库出库流量，降低漂浮物行进速度，减轻其对大坝坝体的撞击力，降低大坝安全风险。

[案例2-34]　2010年6月18日，倾覆的挖砂船横挡在某大坝14号、15号溢洪表孔前，挖砂船重量约100t、长度约35.5m、宽度6.3m、高1.35m。因挖砂船失去控制无法在江中固定，故水电厂降低了水库下泄流量，挖砂船轻轻地撞击在闸孔前（见图2-15）；后采取切割方法将船体分解捞出。结合大坝安全监测数据和结构现场检查复核，倾覆船体未对大坝造成不利影响，该大坝评价结果为安全。

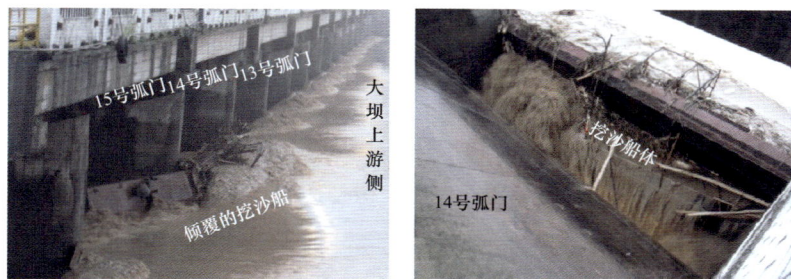

图2-15　挖砂船横挡在某大坝14号、15号溢洪表孔前

条文2.5.13　（运行阶段）可能发生白蚁虫害地区的土石坝要建立白蚁检查档案，发现有白蚁活动迹象，应立即进行灭杀，并制定修复方案对空腔进行充填。

[条款释义]

白蚁对土坝的危害主要表现为：库水通过蚁道和蚁穴空腔造成坝体散浸、管涌、跌窝、滑坡等险情。处理方法是：摸清坝体白蚁的分布情况、危害程度，采取破巢除蚁、药物诱杀灭蚁、灌浆等方法。对于白蚁蚁道和蚁穴造成的土坝渗漏，可采用黏土和药剂制成的泥浆，利用找到的蚁道或锥探孔，用小型灌浆机将浆液灌注充填蚁道和蚁穴。白蚁的地表活动与温度变化、植被的增减等自然环境有着密切的关系，每年春季（4～6月）和秋季（9～11月）为白蚁地表活动旺盛季节，此时是普查白蚁的最佳时机。针对可能存在白蚁危害的地区，不建议采用土工膜防渗。

[案例2-35]　某水库大坝1974年发生漏水，经挖探发现坝体内有一个2.3m^3的白蚁大洞穴，四周蚁道纵横。通过降低库水位对大坝进行挖填处理，消除了隐患。

条文2.6　防止库盆、库底廊道破坏事故

库盆和库底廊道破坏事故主要针对抽水蓄能电厂而提出的。抽水蓄能电厂用于电网调峰、调频，上、下水库水位骤升、骤降，对库盆或库底防渗能力要求很高。水库库盆或库底廊道破坏可能引起山体内渗水加大，地下水位升高，恶化地质，导致山体滑坡或泥石流的发生。为防止此类事故的发生，本节重点指出做好库盆防渗和岸坡处理，保证基础的均匀性，保证排水系统完整、畅通。

条文2.6.1　（设计阶段）抽水蓄能电厂上、下水库的渗流控制设计应限制或消除库水位

骤降在防渗体后产生的反向压力。上水库采用钢筋混凝土面板全面防渗时，面板下应设置自由的排水垫层，以避免面板渗漏在库水位骤降时在面板后产生反向渗压及冬季冻胀破坏。

[条款释义]

抽水蓄能电厂上、下水库水位变动频繁、骤升骤降。水位骤降工况时，防渗层后形成的反向压力易造成防渗层破坏。因此，抽水蓄能电厂上、下水库设计，特别是全面防渗的水库库盆面板后要求有完备的排水系统，以降低面板后的渗透压力。库盆采用钢筋混凝土面板全面防渗时，为避免面板渗漏在库水位骤降时在面板后产生反向渗压及冬季冻胀破坏，面板下设置自由的排水垫层，排水垫层要求渗透系数大于 $1×10^{-2}$cm/s；在满足防渗要求下，缝的设置应具有较好的柔性，根据温度、干缩和适应地基变形要求。

[案例 2-36] 某水库因上游基坑抽水形成约 7m 的反向水头，使垫层料在 60m 范围内有集中泉眼 20 余处，局部崩塌 6 处，最深处达 0.5m，后经挖除损坏的垫层，重新按设计要求回填处理修复了垫层区。

条文 2.6.2 （设计阶段）在寒冷地区修建水库，应按冰情资料，采取措施防止结冰对防渗结构的破坏或影响电厂进/出水口的正常运行。

[条款释义]

寒冷地区坝前结冰易造成坝体防渗结构的损坏、影响电厂进/出水口发电安全，因此需要采取有效的防止结冰措施。

[案例 2-37] 某抽水蓄能电厂上库库盆总防渗面积 17.5 万 m^2，面板接缝总长 2.1 万 m。实测坝区最低气温达 -19℃，最高气温为 40.3℃。电厂正常运行期间，水位涨落速度约为 7～9m/h。电厂于 1995 年建成并蓄水，1996 年初上库产生了比较厚的冰盖，最厚处约 50cm，因覆冰影响，有约 100m 长面板表层止水破坏，随后进行了修补。

[案例 2-38] 某面板坝，坝高 80.8m，地处严寒地区，反渗排水在坝体最低部位埋设 ϕ159mm 排水管 2 根，初期排水正常。2000 年入冬前，一期混凝土面板施工完成并保温覆盖。次年 5 月，清理保温材料时发现面板底部出现网状裂缝，面板与趾板间出现错位，面板局部脱空，底部周边缝有水流涌出。分析认为，面板裂缝是坝体底部积水冻结产生的冻胀力所致。处理方法为：首先用水泥砂浆对脱空部位实施灌浆，先后在补强范围内重新浇筑趾板和面板混凝土，并另设止水系统。2001 年入冬前，面板施工完成，填筑铺盖土料前，封堵坝体排水管，封堵后 10 多个小时，发现补强面板出现明显抬动现象，并有发展趋势。当即造孔放水减压，变形的面板逐渐复原，检查发现面板出现了裂缝，但未断裂，采取了在补强面板上粘贴一层 GB 卷材的补救措施。大坝从 2002 年 3 月 20 日蓄水，至今运行稳定，说明面处理措施是有效的。因此，寒冷地区如遇面板空库过冬，一旦发现排水管局部冻结，出水量减少，可采取电极加热融冰、疏通排水管等方法；或者入冬前完成上游铺盖土料的填筑，以使其厚度满足对坝体的保温要求。

条文 2.6.3 （设计阶段）抽水蓄能电厂输水道系统进/出水口与库盆结合部位应合理分缝，缝间应设置可靠的止水。

[条款释义]

抽水蓄能电厂输水道系统进/出水口因与库盆结构、体型不一致，二者变形常常不协调，所以应在该结合部位合理分缝、协调变形，并设置可靠止水，防止此处损坏、产生渗漏通道。

[案例2-39]　某抽水蓄能电厂上水库由混凝土面板堆石坝、上水库进/出水口、库盆及其防渗措施等组成，水库工作深度24m，库盆防渗形式采用钢筋混凝土面板与库底土工膜及垂直防渗帷幕相结合。水下检查发现进/出水口附近面板裂缝、混凝土破损较严重、面板存在渗漏。2017年对各裂缝及其周边的结构缝进行了修补。

[案例2-40]　某抽水蓄能电厂上水库采用钢筋混凝土面板全库盆防渗，库盆防渗面板由主坝面板和趾板、库岸面板和连接板、库底面板、进/出水口前池面板组成。库底面板与库岸面板通过连接板连接，库底面板与主坝面板通过主坝趾板连接。监测发现，2012年底开始上水库渗漏量突然持续增大；2014年、2015年对防渗面板进行检查发现，防渗面板多处结构缝及面板损坏，前池底板与底坎交接处结构损坏和渗漏情况较严重。电厂针对性制定修复方案，完成了缺陷修复。

条文2.6.4　（基建阶段）水库初次蓄水应按照批复的水库初期蓄水设计方案执行，严格控制库水位上升速率、中间停顿水位的次数和时间长短，并经逐次监测确认后再继续充水。水库初次蓄水后，库水位下降速率应做实时监测，经确认无异常时方可继续进行。寒冷地区沥青混凝土面板的初期蓄水宜避开冬季低温时段进行。

[条款释义]

抽水蓄能电厂水位升、降的速率较大，坝体、岸坡受水压作用，防渗面板和地基联合受力并产生变形，为了使这种变形在初期蓄水时逐渐缓慢地完成，需要限制水位上升速度，蓄水过程应保证水位停顿时间，同时加强安全监测；初次蓄水与机组调试穿插进行时，对水位初次下降速度应加以限制，同时应加强防渗面板的渗压和变形监测等。水库初期蓄水速率控制与防渗面板和地基变形、渗漏量、防渗面板下反向压力等因素有关。沥青混凝土面板的防渗取决于沥青的性能，低温将增加沥青的脆性，影响沥青弹性变形能力，因此建议寒冷地区沥青混凝土面板的初期蓄水宜避开冬季低温时段进行。

条文2.6.5　（运行阶段）定期排查抽水蓄能电厂水库库盆周边山体，防止落石对库盆的破坏。发现有危石的山体，应采取防护措施或进行工程处理。

[条款释义]

抽水蓄能电厂库盆周边山体落石可能砸坏库盆防渗结构，库盆内水位的急剧变化水流流动性大将使较大的落石对库盆防渗结构产生撞击和摩擦，影响结构安全。因此日常运行中需要定期检查周边山体岩石情况，发现有危石、落石，应及时进行处理，以消除安全风险。

[案例2-41]　某抽水蓄能电厂下水库由一座混凝土面板堆石坝及山坡围护而成，2008年蓄水投运。2016年以来，由于水位变动频繁导致大坝左岸边坡网格梁护坡段基岩裸露，网格梁底部脱空，网格梁垮塌（见图2-16），且垮塌部位有扩大的趋势。

图 2 - 16　网格梁护坡损坏

条文 2.6.6　（运行阶段）合理调度水库发电，减少水库覆冰现象，防止冰冻对库盆的破坏，对覆冰的水库，及时采取措施开展破冰护库。

［条款释义］

对于寒冷地区的抽水蓄能电厂，水库冰冻及水位的急剧变化对水库的安全影响较大。全面防渗处理的水库库盆损坏将直接威胁到电厂的安全运行。因此需要分析研究气温、电厂运行方式与冰冻的变化规律对库盆的影响，尽可能防止出现冰冻造成库盆损坏。

3 防止厂房损坏事故

总体情况说明

水电厂厂房损坏事故主要表现为：水淹厂房和厂房损坏垮塌。厂房损坏事故主要原因有：① 地基地质条件恶化；② 厂房旁侧和后侧边坡失稳坍塌导致厂房结构破坏；③ 厂房梁柱等结构设计安全度不足、施工质量不佳；④ 机组等设备损坏导致流道内水涌出、厂房外来水倒灌，导致水淹厂房。为防止厂房损坏事故发生，应在设计阶段查明地基地质情况，做好地基和厂房结构设计；在基建阶段严格控制施工工艺，对重难点部分应作专项方案，保证施工质量；运行阶段应加强监测和巡查，发现异常及时分析处理。

本章重点针对防止厂房损坏事故反措条款，结合水电厂发展的新趋势、新特点和暴露出的新问题，分析代表性案例及原因，进一步详解了落实防止厂房损坏事故的具体措施。

本章共分为两个部分，内容包括：防止厂房结构失稳导致厂房损坏垮塌事故、防止地质条件恶化造成厂房损坏垮塌事故。防止水淹厂房事故措施见第 19 章。

条文说明

条文 3.1　防止厂房结构失稳导致厂房损坏垮塌事故

厂房结构的安全稳定主要取决于合格的设计和规范施工，保证结构安全度和结构质量。本节重点指出厂房建设应保证施工质量、对结构缺陷和隐患应及时进行除险加固等技术管理要求。

条文 3.1.1　（基建阶段）严格按设计要求和施工规范施工，对于工程中的重难点部分应作专项施工方案，以确保工程施工质量。

[条款释义]

严格按设计要求施工，是保证厂房结构质量的关键环节。施工过程中，厂房基础、板梁柱、屋面系统等的施工工艺控制、防渗处理等可靠性，以及地下厂房洞室在施工过程中的支护时机、工序的安排与控制等，是厂房后期安全运行的重要保障。故对于工程中重难点工作，如板梁柱、屋面等关键施工，地下厂房洞室开挖时相邻洞室间岩体厚度的保留、交岔洞口开挖与支护结构的稳定性，高地应力区域地下洞室开挖防止岩爆措施等，应制订专项施工方案，明确细节管理要求。

[案例 3-1]　渔子溪水电厂和龚嘴水电厂的母线洞与主厂房正交，当母线洞衬砌后再开挖主厂房下部尾水管时，由于围岩变形，母线洞衬砌开裂，以致漏水滴在母线上，影响运行安全。究其原因是，主厂房和母线洞施工相互关联，二者的施工工序和结构防护措施未细化

落实，影响了工程质量。

[案例 3-2] 某水电厂地下厂房在进行 I 层开挖时，主厂房 4 号机组段与副厂房交接处上游顶拱 β80 辉绿岩脉出露段发生塌方，经钻孔探测，塌腔体型呈倒置的不规则葫芦状体（见图 3-1），且沿 β80 岩脉走向分布，塌方量估计约 3500m³。塌方的原因主要是：塌方前未查明 β80 辉绿岩脉挤压破碎带的位置、形态、规模、破碎带结构等参数，只是按常规的破碎带来处理，未针对该厂房所处位置制订细化的现场勘探方案和针对性的施工措施。施工单位认真排查、分析塌方部位地质情况，制订支护、灌浆、挖除渣体、再支护等系统性、针对性的处理措施，并严格控制施工工艺过程，顺利完成了塌方段的处理；经监测数据反馈确定塌方加固处理段消除了不安全因素，处于稳定状态。

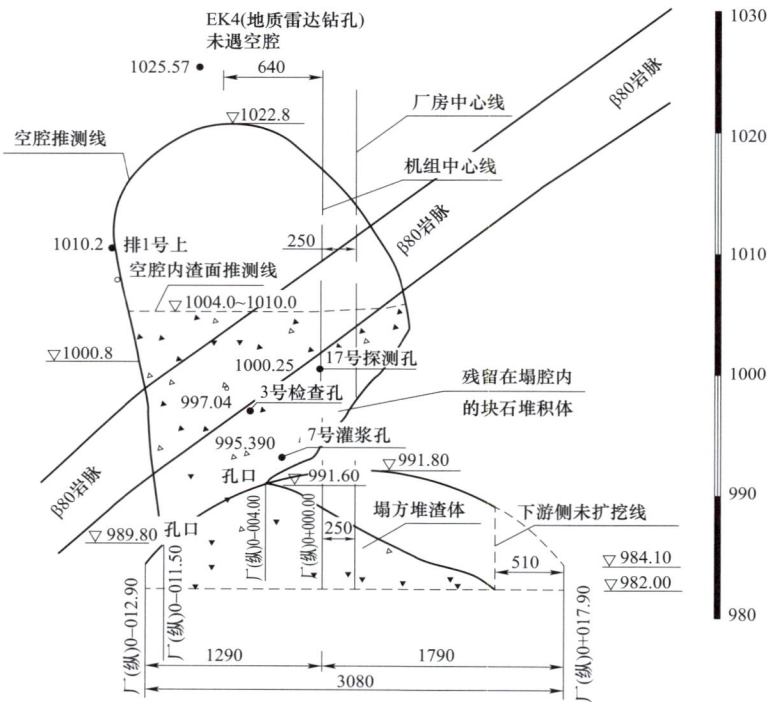

图 3-1　某水电厂地下厂房拱顶以上塌方体形状图（高程单位：m，其他尺寸单位：mm）

条文 3.1.2　（运行阶段）对影响厂房结构安全的缺陷、隐患，应采取补强加固措施。对已确认的厂房结构可能失稳状况，应立即除险加固。检修、加固过程应符合有关规定要求，确保工程质量。隐患未除之前，应根据实际病险情况，充分论证，采取相应的险情警示和应急处理措施。

[条款释义]

影响水电厂厂房结构安全的缺陷和隐患主要是裂缝、渗水和地基基础不稳定。日常运行中，应检查厂房结构是否有异常裂缝、渗水，检查厂房板梁柱是否有因地基基础不稳定、振动等原因造成的异常变形，分析其原因，并针对性处理。对厂房结构除险加固方案应经充分论证、评审，并严格施工过程管理，保证加固质量。当厂房结构缺陷影响厂房安全且无法及时处理时，应针对性提出应急处理措施和险情示警。

[案例3-3] 某水电厂为河床式电厂，安装有4台单机容量50MW的轴流转桨式机组。电厂厂房梁柱等结构自1985年投产运行以来一直存在较为严重的振动，厂房下游立柱、门窗和墙壁产生了较多裂缝、结构受损，厂房内振动噪声较大。经现场测试与分析确定，机组与厂房结构产生了共振，机组转动机械振动和水流流道水力振动波通过机组支撑体系和流道结构传递至厂房上部结构，造成厂房梁柱结构振动、损坏。通过加固厂房结构、改变结构固有频率、优化机组运行工况，减轻了厂房结构振动，消除了厂房损坏垮塌的风险。

条文3.2 防止地质条件恶化造成厂房损坏垮塌事故

地基基础、地面厂房旁侧边坡、地下厂房围岩边坡等不稳定均可能造成厂房损坏而垮塌。地下水位变化对地基和边坡的安全稳定影响较大，边坡的不稳定通常通过其内外部变形反馈出来。因此，本节重点指出运行期应加强厂房相关重点边坡的日常检查和监测，及时消除安全隐患。

条文3.2.1 （运行阶段）加强重点边坡地下水位、地下位移和表面位移的监测分析、巡查和预警预报。发现异常及时上报并分析原因，对已确认的隐患和缺陷，应立即采取相应的措施。

[条款释义]

边坡变形和地下水位监测数据可以较好地反映边坡的稳定情况，日常巡查可发现监测系统数据无法反馈的边坡异常，因此日常运行中重点边坡相关项目的监测分析应与边坡巡查工作相结合，针对异常情况提出预警预报、及时采取措施控制边坡变形，以保证安全。削坡、加强主动和被动挡护、修复防渗排水系统等措施均可较好地提升边坡的抗滑稳定性，保证边坡安全，降低边坡旁侧厂房的安全风险。

[案例3-4] 某水电厂厂房后边坡于2009年完成开挖和支护，电厂于2012年12月开始发电运行（见图3-2）。2017年10月4日，受持续降雨影响的厂房后边坡锚喷混凝土表层撕裂，边坡土体出现明显拉裂变形，局部发生滑动，威胁电厂厂房运行安全。滑坡变形体平面形态呈"圈椅状"，分布高程275～322m，纵向长94m，横向宽40～115m，平面分布面积7100m²，平均厚度12m，总体积约8.5×10⁴m³。滑坡体主要由黏土夹碎石组成，坑探揭示滑带含有较多块石，坑内有地下水渗出，地下水以松散岩类孔隙水为主，地下水受到地表水体补给，以泉的形式流出，出露点较多，流量较稳定。为查明滑坡体变形情况，设置了26组水平、垂直位移监测点进行变形监测，其后的两个多月的监测数据表明，地表水平位移主要集中发生在滑动区的中部，其中10月16日～11月7日期间变形速率较大，后期总体比较稳定。结合地质条件和降雨等因素分析可知，电厂区域长时间强降雨，边坡土体达到充分饱和，土体物理力学性质大幅降低导致边坡局部失稳，属土层推移式滑坡。监测手段为判明滑坡性质和成因起到了重要作用。电厂通过加强边坡表面和深层的截排水，有效地降低了边坡土体含水率，提升了边坡稳定性。

[案例3-5] 某水电厂采用引水式地面厂房型式，厂房后缘边坡高约96m，坡顶高程约300m，厂房后边坡250m高程以上为土质边坡，层为松散残坡积物，且两侧为小冲沟，形成

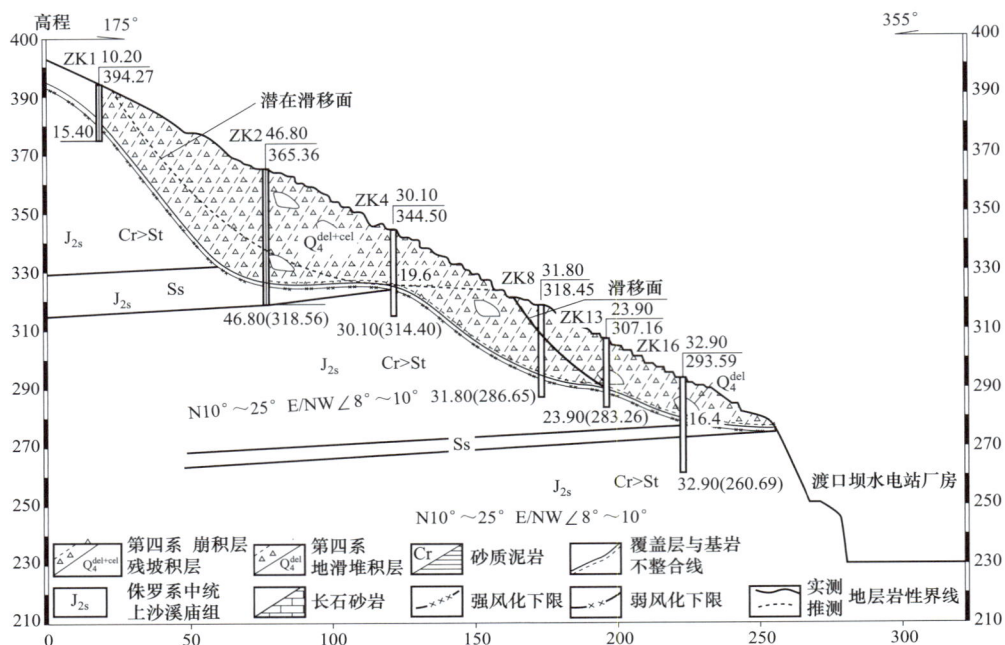

图 3-2 某水电厂厂房边坡典型剖面图（高程单位：m）

临空界面；工程区雨量丰沛，岩体地下水发育，施工期统计边坡地下水出露点 8 个，均为裂隙水。分析结果表明，在地表水和雨水冲刷下，边坡中上部土石边坡易沿软弱面发生滑移破坏影响厂房安全。边坡支护与治理过程中，根据开挖揭示的地质情况，综合考虑边坡排水及交通等因素，动态修正边坡的加固支护设计参数；厂房后缘边坡开挖期采用以挂网锚喷支护为主，结合马道混凝土封闭及加强排水等措施，保证边坡开挖的安全稳定；239m 高程以上边坡开挖完成后，在开挖厂房基坑的同时进行锚桩施工及深排水孔施工，以保证边坡施工期安全与稳定；施工后期，在后边坡实施格构梁及深层排水洞施工，保证了边坡运行期的稳定性。运行期，重点对深层排水洞排水、边坡表层排水和边坡位移进行监测分析，有效地保证了边坡安全运行。

条文 3.2.2 （运行阶段）在强降雨期间（特别是持续强降雨）适当增加重点边坡的监测和巡视检查次数，确保及时发现并处理隐患。

[条款释义]

边坡完整的表面和内部排水系统，可以有效降低地下水位，提升边坡安全稳定。边坡排水沟破损，沟内的水会渗入边坡岩土体中，降低岩体的物理力学强度，易增加边坡失稳的可能性。因此，在降雨期间应增加重点边坡的监测和巡视检查次数，检查排水沟完整性、疏通淤堵部位，及时发现边坡异常变形、及时处置。

[案例 3-6] 2014 年 9 月 2 日，因连续暴雨，三峡库区湖北秭归县沙镇溪镇三星店村杉树槽发生大面积山体滑坡（见图 3-3 和图 3-4）。滑坡体总体积约 80 万 m^3，导致装机容量为 1000kW 的大岭电厂损毁。

图 3-3　山体滑坡前水电厂

图 3-4　山体滑坡后水电厂损毁

[案例3-7]　2019 年 9 月 14 日，因连续暴雨，汉中市城固县小河镇罗家营水电厂厂房侧山体滑坡，落石击中厂房（见图 3-5～图 3-7），致 4 人被埋。

图 3-5　山体滑坡

图 3-6　巨石砸中厂房墙体

图 3-7　滑坡体巨石掩埋厂房一角

4　防止输水系统结构损坏事故

总体情况说明

输水系统结构损坏主要表现为：钢筋混凝土衬砌超限开裂，压力钢管、机组尾水钢管鼓包，封堵段失稳，围岩被水力劈裂击穿破坏等。输水系统结构损坏事故主要原因有：① 充、排水设计或实施不合理，实时观测工作不到位，对充、排水期间出现的异常情况未能及时处置；② 封堵段的结构设计和灌浆、防渗、观测方案不合理，密封等细部设计欠妥；③ 未能针对新揭示出的恶化地质条件作出合理的调整设计；④ 机组尾水管结构设计不合理，结构承载力不满足内、外压荷载要求，施工措施不当造成排水系统堵塞。因此，为防止输水系统结构损坏事故发生，应在设计、基建、运行阶段加强充、排水设计，按设计要求实施充排水，及时处置异常情况，做好输水系统结构设计，保证施工质量，做好地勘和监测，做好记录、台账和留档等工作。

本章重点针对防止输水系统结构损坏事故反措条款，结合水电厂发展的新趋势、新特点和暴露出的新问题，分析代表性案例及原因，进一步详解了落实防止输水系统结构损坏事故的具体措施。

本章共分为四个部分，内容包括：防止充、排水速度不合理造成结构损坏事故，防止封堵段失稳造成结构损坏事故，防止地质条件恶化造成结构损坏事故和防止机组尾水钢管鼓包事故。

条 文 说 明

条文 4.1　防止充、排水速度不合理造成结构损坏事故

输水系统（特别是 100m 以上的高水头输水系统）的充、排水速度控制不合理，将会影响钢板衬砌和钢筋混凝土衬砌管道的稳定。因此，输水系统的初期充、排水试验是检验输水系统安全性的关键措施，通过加载、卸载、检查、监测，及时发现问题并处理。充、排水试验涉及多专业协调，必须制定切实可行的技术方案。本条文主要指出充、排水过程中应注意的关键技术和管理要求。

条文 4.1.1　（设计阶段）应充分论证充、排水速度对输水系统的影响，明确不同水头下合理的充、排水速度、稳压时间和衬砌设计允许的压差。

［条款释义］

设计单位提出电厂输水系统首次充、排水技术要求，负责输水系统充、排水的施工单位据此编制电厂输水系统首次充、排水实施方案，通过业主组织审查后实施。

[案例4-1] 2012年2月27日，某抽水蓄能电厂1号机组定检完成后，为缩短对1号机组尾水管充水时间，运行人员打开引水系统排水阀及针阀，使机组尾水在短时间内充满，在关闭针阀时，又引发水锤。经估算，上游压力钢管内水量约2445m³，管内水压约2.8MPa，水锤导致1号蜗壳放空阀与尾水管相连的法兰处产生破裂，大量压力水灌入厂房，蜗壳层地面积水达10cm时启动了水淹厂房报警系统，运行人员发现报警后立即启动水淹厂房应急预案，开展现场处置。不当的人为操作或设备状态异常等造成的不合理的充、排水速度可能令设备设施超越正常工作区间。一旦发生事故，将造成结构破坏、工期损失或设备故障，技术管理人员应做好实时观测，按照设计要求和规程执行，做到快速识别和及时地响应处置。

条文4.1.2 （设计阶段）输水隧洞和主进水阀、蜗壳进口等部位应设置可靠的压力测量点。

[条款释义]

为有效监测充、排水阶段系统压力，应在输水隧洞、主进水阀和蜗壳进口等重点部位设置合理的压力测量点而提出本条，系条文4.1.1的辅助技术措施，与之呼应。条文4.1.1涉及案例的险情，由本条要求的测量设备测得压力数据。

条文4.1.3 （基建阶段）输水系统首次充、排水前，应根据电厂水头、输水隧洞管径、长短以及管道各段的高差情况和设计要求，制定输水系统充、排水实施方案和专项应急预案。

[条款释义]

抽水蓄能电厂输水系统充排水的技术要求、实施方案按《抽水蓄能电站输水系统充排水技术规程》（DL/T 1770）编制，设计单位提出的技术要求是编制实施方案和专项应急预案的依据。

条文4.1.4 （基建阶段）充、排水前应检查所有充、排水闸（阀），校准安全监测仪器、设备。

[案例4-2] 某抽水蓄能工程水道设计充水速度控制为10～30m/h，初次充水时发生一次引水系统闸门锥体孔塞卡死，关闭不灵，导致充水速度失控，水位在1h内上涨了100m，后经紧急处理避免了事故发生。

条文4.1.5 （基建阶段）充、排水过程中应确保进排气功能正常。

[条款释义]

进排气功能通常由以下设施实现：竖井式进/出水口流道、侧式进/出水口的通气孔、调压室等。

条文4.1.6 （基建阶段）实施充、排水过程中，应通过各种监测设施，实时监测压力管道、堵头、探洞、厂房上游排水廊道、厂房上游挡墙、厂房围岩及厂房区边坡等部位的变形、渗漏情况，一旦出现异常现象，应立即终止充、排水过程，以确保工程安全。

条文4.1.7 （基建阶段）利用进水口工作闸门局部开启充水时，应观察闸门及启闭机运行情况，并严格控制闸门开度，避开振动区。

当利用进水口的工作闸门局部开启充水时，闸门开度由设计充水流量、闸门工作水头、闸门下游淹没情况等，经水力学计算而来。通常 30% 以下的闸门开度被定义为小开度，小开度振动问题应高度重视，尤其是平面闸门。其影响因素涉及流激振动、平板闸门底缘型式、波浪冲击和水流流态是否稳定等，应在充排水过程中加强观察，及时调整，避开振动区。

条文 4.1.8 （运行阶段）加强对进水阀上游侧压力钢管排水管、进水阀旁通管、分岔管、上下游调压井等设备安全检查和定期维护，如有异常，及时处理。

条文 4.1.9 （运行阶段）充、排水过程中加强对输水隧洞监测分析，注意输水隧洞外排水、周边地下水位和地表渗出水的变化情况，出现异常及时分析，必要时予以处理。

[案例 4-3] 某抽水蓄能电厂上水库蓄水后，下水库进/出水口旁侧山体有"山泉"水涌出的现象，该电厂水道采用全钢板衬砌，输水系统沿线有岩溶现象，天然地下水远低于地面，地面无出露的山泉，近期无降雨。经查，上水库竖井式进/出水口止水施工质量不合格，止水受压变形和止水附近混凝土浇筑不密实，其危害有水量损失和压力管道外水超标。

条文 4.1.10 （运行阶段）结合水电厂实际运行情况，应在规程中明确输水隧洞充排水方式和速度、闸门启闭操作方式，以及输水系统放空检查的周期、项目等内容。

条文 4.1.11 （运行阶段）在机组甩负荷前后应对输水系统相关部位进行巡视检查，及时对相关监测数据等进行分析。

条文 4.2　防止封堵段失稳造成结构损坏事故

封堵体作为水工建筑物的组成部分，其作用是隔断水流。常见的封堵段破坏，是封堵体周边漏水或封堵体本身不密实发生漏水，有的甚至是封堵体周边岩体防渗效果不好而产生绕渗，造成封堵体失效，引起结构损坏。因此，本条文主要强调了封堵段设计、基建和运行阶段中应重视设计标准的选用、周边环向止水的设置及其周边预埋管路的专项封堵，做好方案、严控施工质量，运行期做好监测与检查工作，防止封堵段失稳。

条文 4.2.1 （设计阶段）如在堵头内部布置管线，应采取切实可靠的防渗措施。

[条款释义]

常见管线的可靠防渗措施有：采用微膨胀混凝土、阻水圈、止水环（肋板）等。

条文 4.2.2 （设计阶段）封堵段应做好结构设计和灌浆、防渗、观测方案。

[案例 4-4] 某抽水蓄能电厂由于一个中支洞堵头漏水比较严重，于 2002 年 11 月 29 日～12 月 30 日放空隧洞，对中支洞堵头进行灌浆处理。漏水原因在于堵头实体混凝土凝固收缩，造成堵头混凝土与岩体之间形成缝隙。

[案例 4-5] 某水电工程某年某月 26 日 10:00 导流洞下闸蓄水至 18:30 大坝中孔开始过水。下闸后，安排专门的检查人员从导流洞出口进入导流洞查看封堵情况，封堵闸门有漏水，

进口底板和洞顶有多处排水管呈射水状。紧急处置后，28日进洞检查发现在导流洞0+38桩号右边墙起拱处出现击穿洞壁的水柱，水柱直径约0.5~0.8m，抛射距离约10m，初步估计在1.0m³/s以上的流量。经分析，在导0+15m~0+65m桩号内存在断层和裂隙，导流洞下闸后洞外水头高于导流洞洞顶近20m，导0+00m~0+30m桩号段上覆盖围岩厚约20m。由裂隙张开在断层面以外的围岩体内沿裂隙形成网状渗漏通道，汇集于断层附近使该部位断层内的细颗粒物质被冲走形成集中的渗漏通道。漏水的部分原因是设计、施工过程中未对恶化的地质缺陷有针对性地采取加大堵头体型、围岩固结灌浆等彻底处置措施。

条文4.2.3 （基建阶段）应根据洞室开挖情况完善封堵段的设计，确保运行阶段输水系统安全可靠运行。

［条款释义］

此条是条文4.2.2针对运行期的延续和进一步加强。一方面，洞室开挖情况多指依据施工过程中揭示的地质条件，更新设计参数，如遇地质条件较原设计更为恶化，应加强加大封堵体体型、固结灌浆，回填灌浆和接触灌浆等；另一方面，应充分考虑高压水等的长期作用，留有合理的设计裕度。

条文4.2.4 （基建阶段）对于工程中使用的新材料、新工艺应得到充分的论证和试验，并经设计、监理认可后方可运用于堵头封堵工程施工。

条文4.2.5 （基建阶段）对用于运行期检修的预留孔洞封堵应做好封堵门施工设计。

［条款释义］

本条强调了封堵门施工设计的重要性，一方面，应根据封堵门工作水头选择适宜的结构型式；另一方面，应做好密封、铰链、法兰、螺栓等细部设计。

条文4.2.6 （基建阶段）在输水隧洞充、排水过程中，应检查各施工支洞沿线外围岸坡及封堵段、支洞封堵门的变形、渗漏情况，若出现异常情况应及时采取相应处理措施。

条文4.2.7 （运行阶段）对于封堵段有渗水的部位，应加强监测、巡检，建立相关台账并加强变化趋势的分析。

［案例4-6］ 2002年5月23日某抽水蓄能电厂7号支洞下岔2号堵头部位出现较严重的射流现象。通过分析，认为射流原因与该部位F810断层施工期处理不彻底有关系。为此，2002年11月30日~2002年12月30日放空1号、2号斜井，并对与F810断层直接相关的部位进行固结灌浆封堵处理，处理后7号支洞下岔2号堵头部位渗漏消除。

［案例4-7］ 2004年7月29日，某抽水蓄能电厂6号施工支洞突然涌水，5、6号支洞被水充满，前沿距交通洞仅60m，导致7月30日被迫全厂停机，放空引水道检修，到8月27日才恢复运行。涌水的直接原因是，在高压水的长期作用下，高压水流击穿隧洞内的固结灌浆孔封堵，造成缺陷扩大而发生事故。

条文4.2.8 （运行阶段）封堵段有压侧排空后，具备条件的应对有压侧封堵体进行检查，并留存相关照片等记录。

条文 4.3 防止地质条件恶化造成结构损坏事故

地震、渗水等因素会影响地质结构的稳定，从而影响水道结构的稳定。本节主要指出为防止地质条件恶化而造成结构损坏事故的发生，需要在设计、建设时尽量避开不利地段、采取措施处理和阻断地质条件恶化，保证围岩安全，并合理设计衬砌结构型式。

条文 4.3.1 （设计阶段）在设计前应查清输水系统沿线的地质条件，对不良地质洞段的地质构造、成因、可能的变化，作出预判；对可能恶化的地质条件，在设计时应作出处理、阻断恶化的工程措施。

[案例 4-8] 某抽水蓄能电厂一期高压岔管与上部排水洞之间距离98m，核算最大水力梯度5.22；电厂二期高压岔管与上部排水洞之间距离35m，核算最大水力梯度16.43。初次充水后，前者安全，后者在排水洞南支洞0+125m桩号和东支洞0+66m桩号的洞壁上，出现喷射渗水，压力很高，部分射水已汽化带有声响，渗水点不断增加，渗量加大，这个排水探洞系统的总渗量达到31.78L/s，充水结束后，进行加固处理。电厂二期的最大水力梯度16.43超过围岩的承载力，造成了水力劈裂，属对可能恶化的地质条件认识不深，在设计时未作出处理、阻断恶化的固结灌浆、衬砌等工程措施。

条文 4.3.2 （设计阶段）对不良地质洞段的地质构造，有必要进行相关观测设计，以便随时掌握洞段的地质变化过程并及时采取补救措施。

[案例 4-9] 某抽水蓄能电厂2号输水系统监测仪器主要结合地质条件和结构特点，有针对性地布置了多个观测段，在下平段布设A、B观测段，在高压管道塌方段布置E观测段。同时在沿输水系统增设了6个地下水位观测段，在直接排水系统和间接排水系统的末端布设了水量监测设备。通过以上监测手段，使得监测人员及时掌握了2号输水系统主要水工建筑物的工作状态，通过对获得的监测数据进行分析，有效地控制了输水系统的放空和充水速度，使得整个过程处于安全监测控制之中，保证了水工建筑物的安全。

条文 4.3.3 （设计阶段）输水隧洞设置排水孔时应注意内水外渗。若围岩裂隙发育并夹有充填物时，应在排水孔中设置软式透水管，阻止岩屑随水带出；在不良地质洞段不宜采用排水孔排水。

[条款释义]

通常响应本条的排水措施有：输水隧洞旁侧设置排水廊道（可同时设置人字形排水孔、落水井、排水幕），钢衬表面设置排水槽等。

条文 4.3.4 （设计阶段）输水隧洞洞口段应采取必要的防渗措施，防止围岩及山坡失稳。

[案例 4-10] 某工程压力隧洞出口段内水压0.84～0.95MPa，山坡45°左右有顺坡裂隙，上覆岩体厚20～80m，侧向岩体厚51～102m，原初步设计采用钢筋混凝土衬砌结构，仅出口段20m采用钢板衬砌，经渗流场电渗模拟试验后，发现有山坡失稳的可能。技施设计中根据渗流试验考虑到保证安全可靠采用加长钢板衬砌（加长到35m），并在压力管道（钢筋混凝土衬砌）顶部设一排水廊道，排水效果很好，运行稳定。

条文 4.3.5 （基建阶段）输水隧洞开挖施工过程中应做好地质描述，对不良地质洞段的地质构造应有详尽的描述，必要时做补充勘探和设计。

［条款释义］

设计、施工单位均应在施工过程中做好地质编录工作，详尽准确的地质描述是按图施工和提出设计变更的基础。

条文 4.3.6 （运行阶段）应定期巡查输水系统，根据设置的隧洞内外监测项目，对隧洞内外水压力、渗透压力、地表及边坡表面变形、地下水位变化及渗漏等情况开展定期监测，及时分析监测成果。

条文 4.3.7 （运行阶段）在输水隧洞充、排水过程中，应注意观察输水隧洞支沟段边坡、山体及隧洞围岩岩壁渗漏、析出物等情况。

条文 4.4 防止机组尾水钢管鼓包事故

条文 4.4.1 （设计阶段）尾水管结构设计时，应对尾水管及闸门井钢衬在持久状况、短暂状况和偶然状况进行承载力复核计算，满足内外压稳定要求。

［案例 4-11］2015 年某抽水蓄能电厂 3 号机尾水支洞钢衬出现鼓包现象（见图 4-1），其中较为明显的鼓包有 6 个，最大鼓包直径约 1200mm，高度约 40～50mm，最小鼓包直径约 700mm，高度约 20mm。鼓包原因为：3 号机组技术供水排水管在 3 号尾水支洞钢衬处存在破损点造成渗漏所导致，使得实际外水压力超过了尾水支洞钢衬检修工况的承载力。检修期间通过采取钢衬割除、混凝土凿除、瓦片替换、回填接触灌浆等措施，及时处理钢衬鼓包缺陷隐患。

较为明显的鼓包

图 4-1 尾水支洞钢衬鼓包

条文 4.4.2 （设计阶段）尾水管渐变段钢衬设计时，应充分考虑可能出现的最大外水压力，制定有效增强抗外压能力的措施。

条文 4.4.3 （设计阶段）尾水钢管的外排水系统，应制定基建、生产阶段防止其堵塞的措施。

[案例4-12] 2020年某抽水蓄能电厂4号机尾水支洞渐变段钢衬出现鼓包现象（见图4-2），鼓包总面积约38m²，最大高度34.6cm，检查发现是由于尾水流道内水外渗，钢衬内外部压差达0.8MPa，超过尾水支管渐变段钢衬设计抗外压能力（仅为0.6MPa），其原因是尾水钢管外排系统堵塞，造成外水压力超标。

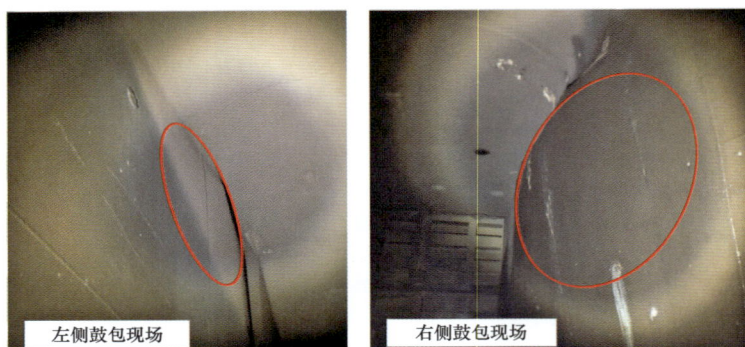

图4-2　尾水支洞渐变段钢衬鼓包

条文 4.4.4　（基建阶段）尾水钢管外部混凝土浇筑施工前，应复核钢管抗外压稳定性。

[条款释义]

尾水钢管外部混凝土浇筑施工前复核钢管抗外压稳定性，防止混凝土施工阶段钢管外压异常变化造成钢管失稳。

条文 4.4.5　（基建阶段）尾水钢管外排水系统（贴壁和岩壁）施工时需制定防止堵塞措施，并做好监测分析和记录。

[案例4-13] 2020年某抽水蓄能电厂4号机尾水支洞渐变段钢衬出现鼓包现象，检查发现外排水管路不畅，尾水管外压力水无法排泄，排水槽被混凝土串浆堵塞（见图4-3），是造成缺陷产生的主要原因。

图4-3　尾水钢管外排水槽钢堵塞

条文 4.4.6 （基建阶段）尾水钢管灌浆孔施工应避开预埋设管路且孔深应满足设计要求。

条文 4.4.7 （基建阶段）首次充排水期间应做好尾水钢管外排水流量等相关参数监测和分析。

条文 4.4.8 （运行阶段）定期开展尾水钢管外排水管流量监测、评估和分析。

条文 4.4.9 （运行阶段）抽水蓄能电厂尾水隧洞放空时应对闸门井钢板衬砌焊缝进行无损检测。

［案例 4－14］ 2020 年某抽水蓄能电站首次进行尾水隧洞放空检查，发现闸门井钢板衬砌焊缝出现多处裂纹，导致尾水流道内水外渗（见图 4－4），影响输水系统安全稳定运行。

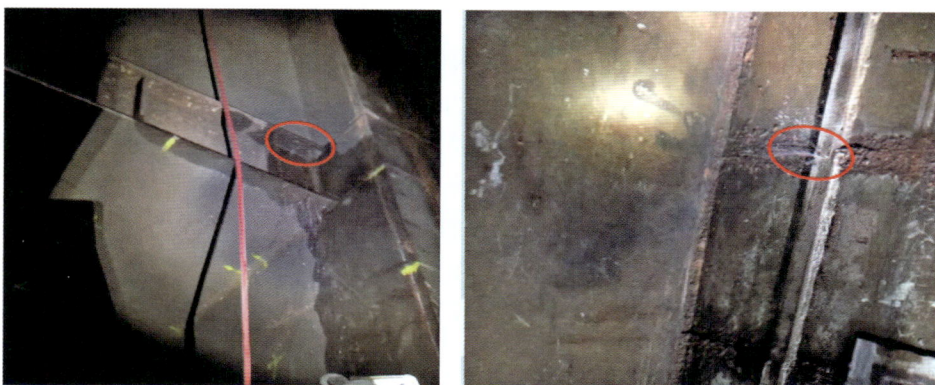

图 4－4 尾水闸门井钢板衬砌焊缝存在明显的漏水

5 防止水轮机损坏事故

总体情况说明

水轮机损坏主要表现为：机组飞逸、立式水轮机抬机、水轮机转轮损坏、水轮机零部件松动、水轮机因振动损坏、水导轴承损坏、主轴密封过热等。水轮机损坏事故主要原因有：① 水机保护配置不完善、结构设计不合理、运行维护不到位；② 老旧机组运行过程中存在各种潜在故障；③ 机组承担调频、调峰任务，启停、调节频繁，疲劳磨损问题累积。因此，为防止水轮机损坏事故发生，应在设计阶段设置完善的水机保护配置、配备必要的功能和合理的结构，在基建阶段进行全面准确的试验，在运行阶段加强专业管理，完善各项反事故措施。

本章重点针对防止水轮机损坏事故反措条款，结合水电厂发展的新趋势、新特点和暴露出的新问题，分析代表性案例及原因，进一步详解了落实防止水轮机损坏事故的具体措施。

本章共分为七个部分，内容包括：防止机组飞逸事故、防止立式水轮机抬机事故、防止水轮机转轮损坏事故、防止水轮机零部件松动事故、防止水轮机振动损坏事故、防止水导轴承损坏事故、防止主轴密封过热损坏事故。

条文说明

条文 5.1 防止机组飞逸事故

条文 5.1.1 （设计阶段）应设置完善的停机过程剪断销剪断（或其他导叶发卡保护）、调速系统低油压、低油位、电气和机械过速等保护装置，同时为防止在机组甩负荷而调速器又失灵时发生飞逸事故，应装设过速限制器（包含事故配压阀、电磁换向阀、纯机械过速保护装置、联动落快速闸门装置等）。

[条款释义]

【剪断销剪断】某一导叶传动机构发卡或导叶之间夹杂异物，将引起该导叶运行过程中剪断销剪断，其余导叶关闭不受影响，保证不发生过速飞逸。近年也有部分水电厂采用导叶摩擦装置作为导叶发卡保护装置，其功能与剪断销类似，均可以防止因导叶发卡引起机组发生飞逸。

【调速系统低油压】由于机组压油系统油泵故障或管路漏油，甚至跑油导致机组油压系统油压急剧下降，一旦此时发生机组事故，调速器因油压不足而不能及时快速关闭水轮机导叶，就会引起机组过速甚至飞逸，使机组遭受重大破坏。

[案例 5-1] 2015 年 3 月 6 日,某水电厂 1 号机组负荷调整过程中两个导叶剪断销剪断，停机检查发现 2 号活动导叶下部大头碰撞转轮（见图 5-1），造成转轮 14 个叶片损伤，2 号

活动导叶下部大头磨损。该电厂在系统中承担调峰任务，机组启停及功率调节频繁，加之机组核准容量为80MW（实际容量为150MW），机组长期在振动区运行。调阅监测系统历史数据，事故当天1号机组AGC调节过程中存在超调明显、调节速度过快等异常现象，1号机组调速器出现短时间内反复抽动，致使瞬时交变冲击力加载于导叶操作机构，直接造成剪断销剪断。此外，机组检修时未对连接板把合螺栓预紧力进行检查，部分摩擦轴衬的作用失效，在导叶剪断销剪断的情况下，导叶不受摩擦轴衬的阻力矩约束。机组亦未安装导叶限位块安全保护，导叶剪断销剪断后，导叶在水力作用下进入转轮运转区域发生扫膛。

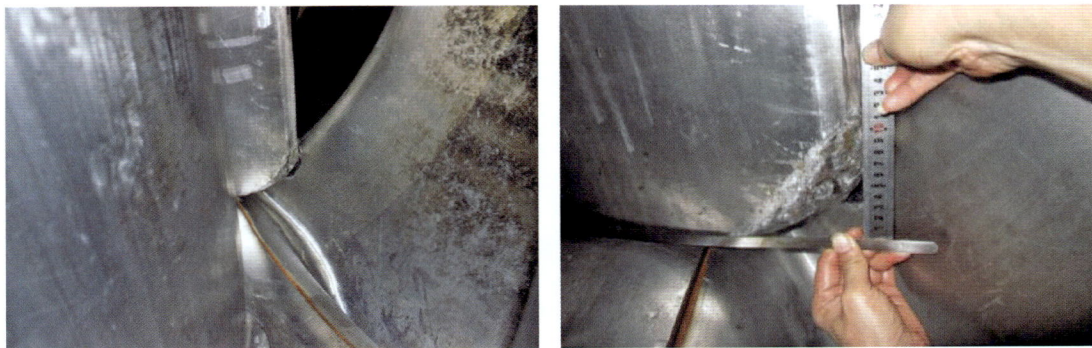

图5-1　机组2号活动导叶大头与转轮叶片碰撞

[案例5-2]　某水电厂170MW机组，新机投运三年后，水轮机剪断销在开机运行时出现剪断现象，检查分析剪断销断口，存在疲劳破坏，控制环压板也存在严重磨损，经分析故障原因为：两个接力器的推拉杆水平度偏差过大，造成控制环联动导叶动作时，剪断销受到其他外力蹩劲所致。按照设计要求调整好接力器推拉杆水平度以后，机组运行正常。

[案例5-3]　2011年1月13日，某水电厂1号机调速器油系统压力油罐油位低跳闸信号有效，1号机故障停机。查看1号机油系统事件记录，发现1号机调速器油系统压力油罐油位低报警信号未动作，1号机调速器油系统压力油罐油位低跳闸信号有效。现场检查调速器压力油罐油位正常。1号机调速器油系统压力油罐油位低跳闸液位开关动作不可靠，其触点时断时通，液位开关误发压力油罐油位低跳闸信号。该故障暴露出机组机械跳闸逻辑不可靠。油位低跳闸、流量低跳闸、振动高跳闸等信号，只要出现一个信号，机械跳闸保护装机立即发出跳闸信号，该逻辑不能防范单一自动化元件误动导致机组跳闸。

条文5.1.2　（设计阶段）贯流式水轮机应设置防止飞逸的关闭重锤，导水机构拒动时应能够动水关闭，重锤关机的时间应能保证机组在最大飞逸转速下的运行时间小于允许值。反击式水轮机导叶的水力矩应有自关闭功能设计。

[条款释义]

贯流式水轮机设置关闭重锤是防飞逸的有效措施，当导叶传动机构发卡、调速器失灵或操作油压消失等故障发生时，机组可在重锤的作用下自行关闭导叶停机。

条文5.1.3　（基建阶段）调试期应根据合同约定进行动水关闭试验以验证工作闸门（主进水阀）性能，贯流式水轮机应进行重锤关机试验。

对于工作闸门（主进水阀）及贯流式水轮机的重锤，在调试期应根据设计要求进行动水关闭试验，验证其能否可靠地动水关闭，若有异常应进行分析和处理，同时还应确保动水关闭试验不应对设备产生任何有害损伤。

条文 5.1.4 （运行阶段）远方和现地紧急停机回路完备可靠。常规水电厂能够远方手动紧急关闭主阀或工作闸门。

主阀或工作闸门控制系统要满足运行工况要求，自动和保护装置良好；远方和现地紧急停机回路完备可靠。常规水电厂能够远方手动紧急关闭主阀或工作闸门，以保证发生事故时运行人员能够快速关闭主阀或工作闸门，防止事故扩大。

条文 5.2　防止立式水轮机抬机事故

条文 5.2.1 （设计阶段）设计时应保证立式水轮机在不同工况运行中，轴向水推力造成的抬机量不能超过设计值。

设计阶段应综合考虑迷宫环尺寸、轴向水推力平衡装置的合理配置，既要防止推力轴承负荷过大，又要保证机组不发生抬机。

条文 5.2.2 （设计阶段）抬机监测装置应定期检验，监测传感器必须安装在非承重机架上，真空破坏阀、中心孔补气阀、分段关闭装置等应动作可靠。

[案例 5-4] 2014 年 2 月，某水电厂轴流转桨式机组完成 A 级检修，进行甩 100%额定负荷试验时，现场听到明显的金属撞击声，试验人员测得机组的抬机量达到了 20mm，造成了机组转动部分与固定部分的碰摩。事故后经过分析发现，造成该情况的主要原因是分段关闭装置动作滞后，导致导叶关闭过程中未出现明显的拐点，而是呈现一段关闭（见图 5-2）。

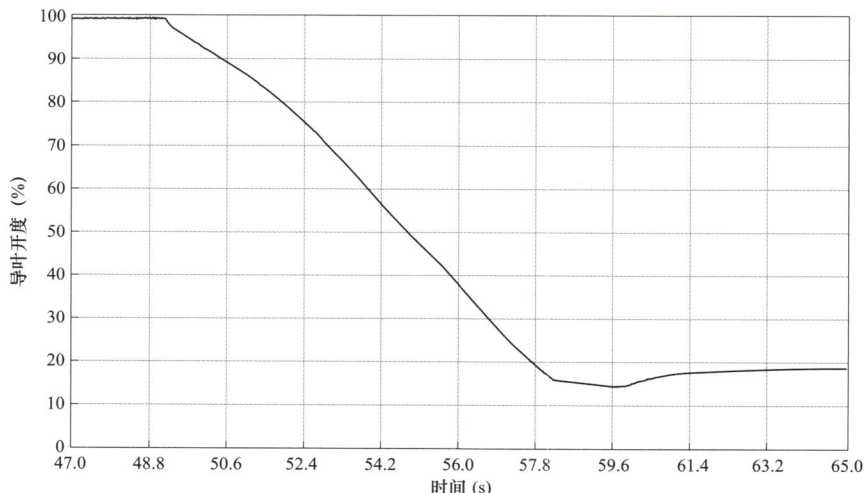

图 5-2　第一次甩 100%额定负荷时导叶关闭规律

后续对导叶分段关闭装置进行调整，再次进行甩 100% 额定负荷试验，甩负荷试验中导叶关闭规律为两段关闭，且关闭时间及拐点位置满足厂家提供的调节保证的要求（见图 5-3）。抬机量也降至 1mm，远低于导叶分段关闭装置调整前的甩负荷试验结果。

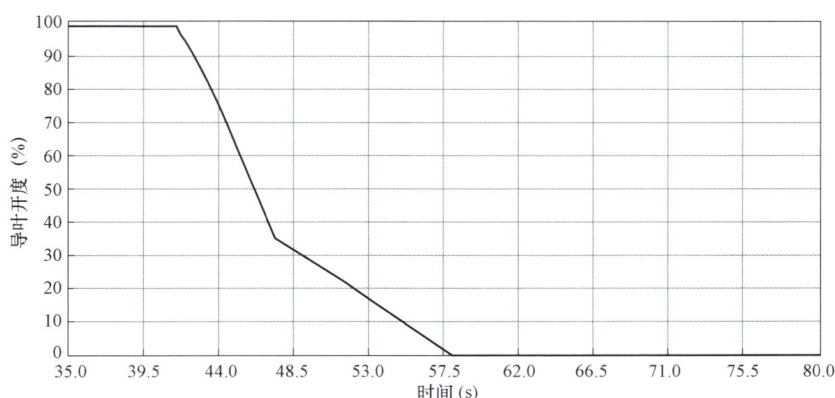

图 5-3 第二次甩 100% 额定负荷时导叶关闭规律

[案例 5-5] 2010 年 6 月 18 日，某水电厂 2 号轴流转桨式机组试运期间，进行甩 75% 额定负荷试验，由于机组抬机量过大和蜗壳末端压力接近最大值，暂停了试验。停机后检查水轮机下导密封橡皮板磨出沟槽，发电滑环处下排碳刷变形损坏。事故后经过分析发现，造成该情况的主要原因为导叶关闭过快，事后加装了分段关闭装置和对真空破坏阀进行了校核调整，再次进行甩负荷试验结果满足要求。

条文 5.3 防止水轮机转轮损坏事故

条文 5.3.1 （设计阶段）设计中要结合水轮机的设计综合考虑设置合适的拦污栅密度，防止损坏转轮的异物进入转轮室。

[案例 5-6] 2020 年 4 月 3 日，某水电厂 9 号机组 C 级检修后存在水导瓦瓦温间歇性异常上升情况，停机检查发现流道内存在多根卡塞木头（见图 5-4）。该机组 4 月 14 日又出现瓦温异常上升情况，同时存在水导摆度严重超标问题，水导 X 向/Y 向摆度均达到 480μm（国标限值为 300μm），该情况一直持续到 4 月 16 日，随后机组摆度虽然出现一定下降，但水导 Y 向摆度仍接近 300μm。4 月 18 日，9 号机组出现顶盖水位高报警，运行人员前往水车室进行检查，发现水导油盆出现晃动情况，经检查水导轴承支架与底座把合螺栓出现松动情况，24 颗螺栓全部出现不同程度松动（见图 5-5）。9 号机组一直存在异物卡塞过流部件的情况，仅 2019 年就发生过 3 起。9 号机组与 7 号机组共用同一流道，流道进水口拦污栅栅距是依据 7 号机组的规格标准设计，部分异物通过拦污栅进入流道，由于 7 号机组导水机构开口大，不容易出现堵塞情况，但是容易造成 9 号机组导水机构频繁卡塞。

(a) (b)

(c) (d)

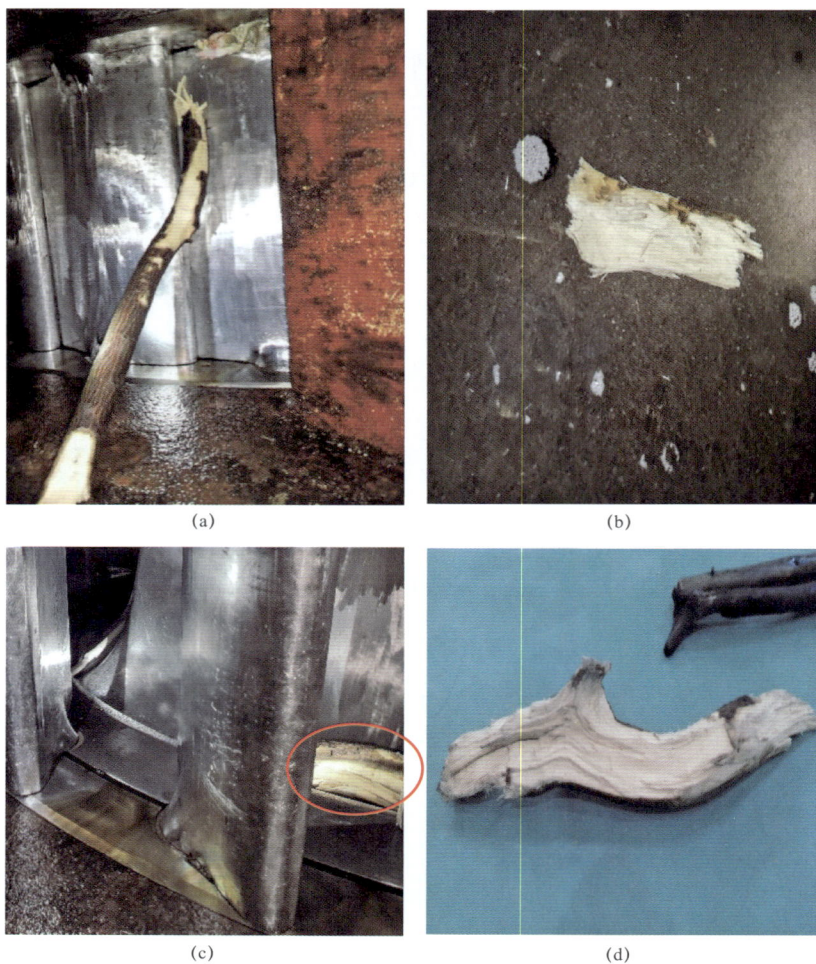

图 5-4 流道内异物照片

（a）活动导叶处圆木；（b）尾水管内圆木；（c）活动导叶与转轮间圆木（一）；（d）活动导叶与转轮间圆木（二）

图 5-5 水导轴承支座与支撑圆筒把合螺栓松动照片

[案例5-7] 2020年7月7日，某水电厂立轴混流式机组水导瓦温异常升高，发生事故停机。事后对事故原因进行了详细分析。经调查发现进水口拦污栅存在缺口，大量浮杂物进入拦污栅前，部分杂物通过拦污栅栅格后沉底进入流道，部分圆木卡在转轮和导水机构部件上，导致水流流态较差，同时破坏了转轮的水力平衡，致使水轮机顶盖振动、大轴摆度突然增大。由于剧烈地振动，水导轴承把合螺栓产生松动，水导轴承油位计管路长时间振动发生断裂。水导轴承迅速漏油，水导瓦温急剧升高，最终导致了烧瓦。

条文5.3.2 （设计阶段）抽水蓄能机组尾水管内格栅应采用不锈钢材质和整体结构，格栅表面不得高出尾水管钢衬。格栅应固定牢固，宜与尾水管钢衬满焊或段焊，或采用螺栓固定并将格栅与尾水管钢衬点焊，固定螺栓应采用不锈钢材质并点焊防松。

[条款释义]

抽水蓄能机组尾水管内水流流态变化较复杂，格栅若仅靠螺栓固定，当固定螺栓强度不足或防松措施不完善，长期运行后固定螺栓易疲劳断裂或松动脱落，导致格栅失去束缚而脱落，容易导致机组抽水工况运行时机组振动过大，损坏转轮、导叶等过流部件。

[案例5-8] 2020年6月11日，某电厂1号机组在抽水工况运行时水导、顶盖振摆偏大。对1号机组过流部件进行排水检查，发现2号盘形阀格栅整体脱出（见图5-6），转轮叶片水泵工况进水边以及母材上发现少量格栅板磕碰痕迹，活动导叶上也有格栅板撞击痕迹。后续问题排查发现，盘形阀格栅的位置未和尾水管流道保持一致，格栅伸入到流道中，机组运行时由于流水对伸入流道中的格栅的扰动造成焊缝的疲劳损坏。同时，格栅主要靠螺栓联接装配，螺栓受冲击载荷及锈蚀等影响，易出现松动，联接失效；多个螺栓联接失效后，拦污栅失去主要约束，在抽水工况下，由于向上的水流的作用，导致格栅脱落。

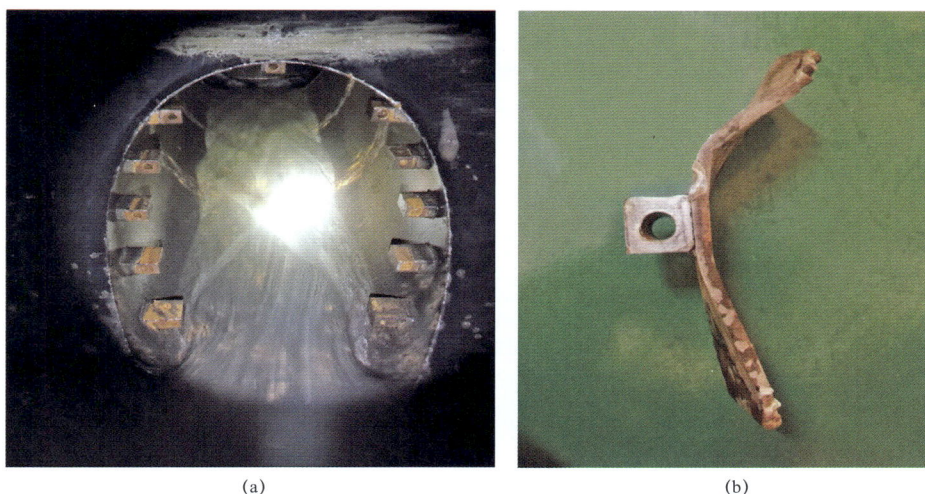

(a)   (b)

图5-6　2号盘形阀格栅脱出情况

(a) 2号盘形阀格栅已整体脱出；(b) 脱出的格栅板

条文5.3.3 （基建阶段）电厂一条引水道布置多台机组的，在机组投产时应进行单台、多台机组同时甩负荷试验，以检验极限情况时蜗壳、压力钢管、尾水管水压上升率（下降值）、调压井水位波动和机组转速上升率、调速器动态响应特性等符合调节保证计算要求。试验前要进行相关数据复核，落实应急预案。

[条款释义]

电厂一条引水道布置多台机组的，由于存在线路跳闸，多台机组同时甩负荷的可能，同时甩负荷时其蜗壳、压力钢管、尾水管水压上升率（下降值）、调压井水位波动和机组转速上升率等比单台机组甩负荷时高，因此投产前应先进行单台机组甩负荷试验，然后进行多台机组同时甩负荷试验。进行多台机组同时甩负荷试验时，若调速器系统故障或其他原因导致机组导叶不能正常关闭，存在机组过速、水道系统局部过压造成管路破损而水淹厂房等重大风险，因此要进行相关数据复核，落实应急预案。

条文 5.3.4 （基建阶段）设备制造厂家应保证新投产机组出厂试验的全面性和准确性，对设备性能做完整描述，明确设备运行工况范围和运行限制条件。

[条款释义]

新投产机组出厂试验水轮机部分主要包括：蜗壳耐压试验、转轮静平衡配重试验、轴流式转轮叶片漏油试验、油槽及其配件试验、导叶接力器耐压及动作试验、补气装置性能试验、检修密封耐压试验等。

条文 5.4 防止水轮机零部件松动事故

条文 5.4.1 （设计阶段）对于经受交变应力、振动或冲击力的重要连接螺栓应明确预紧力，并有防松动的技术措施。

[条款释义]

除另有规定外，当要求有预应力时，预紧力应不小于正常工况和过渡工况下连接对象的最大工作荷载折算到螺栓轴向荷载的 2.0 倍，螺栓的工作综合应力在正常工况和过渡工况下不大于螺栓材料屈服强度的 2/3，在特殊工况下不大于螺栓材料屈服强度的 4/5。螺栓预紧过程中最大综合应力不得超过材料屈服强度的 7/8，且各螺栓之间的预紧力测量值偏差不得超过设计值的 ±5%。对顶盖和座环把合螺栓的预紧力取值按机组水头范围划分，在正常工况和过渡工况下应不小于表 5-1 [见《水轮机基本技术条件》（GB/T 15468—2020）条款 4.2.2.7]。

表 5-1 顶盖和座环把合螺栓的预紧力取值

机组最大水头 H_{max}（m）	$H_{max} < 50$	$50 \leqslant H_{max} < 100$	$100 \leqslant H_{max} < 300$	$300 \leqslant H_{max} < 500$	$500 \leqslant H_{max} < 700$
螺栓预紧力与最大工作荷载的倍数	3.8	3.3	2.8	2.3	2.0

[案例 5-9] 2013 年 3 月 27 日，某水电厂 5 号机组水车室有橡胶味。机组停机检查发现主轴密封回转环对口螺栓松动，螺母脱落 1 个（共 4 个），对口变位，回转环与橡胶密封圈接触的金属部分有 1mm 左右深、宽 5mm 左右的刮痕，对应的橡胶密封圈磨损严重。事故原

因为转动抗磨环分瓣处把合螺栓未采取防松动，紧固力矩失效，长期振动造成螺栓松动、脱落，转动抗磨环沿合缝分开，并局部下沉。下沉的转动抗磨环一方面与密封块发生干摩擦，造成密封块破损。

条文 5.4.2 （运行阶段）应进行定期检查机组设备紧固件、预埋件、连接件，结合机组检修，重点加强金属监督工作，对机组受力部件进行金属检测，防止重要部件带缺陷运行。

［条款释义］

水电厂运行中，由于机组振动、水轮机内压力脉动的影响可能会造成部分机组设备紧固件、预埋件、连接件的松动和失效，若不及时发现处理则会造成较大的设备事故，因此必须要求水电厂加强金属技术监督工作，结合机组的检修加强对以上"三件"的检查工作，对机组受力部件进行金属检测，防止重要部件带缺陷运行。

［案例5-10］ 2014年3月20日某水电厂1号机组C级检修过程中金属探伤，发现1号叶片工作面进水边与下环焊缝根部有一处表面裂纹，长约40mm。对表面裂纹进行打磨，打磨深度至5mm时，发现在裂纹上有气孔出现，继续进行打磨，打磨深度至10mm，长度约100mm时，发现裂纹仍有扩大趋势，无法判断裂纹深度及长度。随后对此裂纹进行了UT（超声波）探伤，初步测定结果：该缺陷为线状裂纹，为焊缝内部缺陷，暂未扩展到转轮过流表面，沿焊缝长度方向裂纹长700mm（不连续），距转轮过流表面平均深度27.1mm，裂纹本身深度1.9～15.7mm不等。结合检修对机组受力部件进行金属检测，及时发现并处理裂纹缺陷，可以避免机组带缺陷运行造成较大设备事故的发生。

［案例5-11］ 某水电厂机组转轮室泄水环结构不合理，泄水环靠螺栓固定在底环上，泄水环间为焊接结构，泄水环与底环间为空心。机组运行过程中螺栓脱落，泄水环开焊，部分金属脱落，在机组水泵工况运行时脱落金属撞击转轮叶片、导叶和蜗壳，给机组造成严重的损伤。

条文 5.4.3 （运行阶段）应定期巡视检查导水机构、顶盖、蜗壳及尾水管进人门等部位螺栓，确保其无松动、破坏，密封完好无渗漏。

［案例5-12］ 某水电厂安装了四台三叶片灯泡贯流式水轮发电机组。由于实际水头变化相对较大，自动水头可靠性不高，实际运行时是通过手动设置水头，四台机组各自的水力条件不尽相同，很难使机组在最优的导叶与桨叶协联关系下运行，转轮室振动幅值偏大，转轮室伸缩节工作状态恶化，伸缩节密封压盖螺栓断裂、漏水的缺陷频发（见图5-7），每台机组每年均需停机处理两次左右。结合现场试验和对比分析，伸缩节螺栓断裂、漏水主要由水力及结构两方面因素造成。后续经过多次专家技术讨论会，确定了伸缩节改造方案，并对伸缩节进行结构改造。改造后的伸缩节没有出现密封压盖螺栓断裂、漏水状况，改造达到了预期目标。

图5-7　转轮室伸缩节压盖螺栓断裂情况

条文5.4.4 （运行阶段）应结合检修检查水轮机重要部件的连接件及紧固件的安全性和连接情况，及时紧固松动部件，更换不合格的连接部件。

[条款释义]

水轮机重要部件的连接件及紧固件如顶盖基础连接螺栓、水轮机与大轴连接螺栓、泄水锥连接螺栓等应结合检修进行检测和检查，检查安全性和连接紧密情况，对于松动的部件及时紧固，对于检测不合格的部件进行更换。

[案例5-13]　1994年9月9日，某水电厂3号机组抽水工况跳闸。事故发生原因是7号导叶拐臂与联臂相连接的偏心轴销脱落。本次事故是轴销上部的定位螺栓由于机组运行时产生的振动而造成松动，检修人员和运行人员在巡回检查时没有及时发现，直至螺栓脱落，造成7号导叶失去控制。在水的作用下导叶大幅度摆动，左摆撞击6号导叶的拐臂，右摆撞击8号导叶的上轴头，致使6号导叶剪断销剪断，快速事故闸门关闭，机组事故停机。

条文5.4.5 （运行阶段）应定期检查导水机构和进水阀操作机构等活动部件连接螺栓或传动销钉，防止松脱。应定期检查水轮机高振动区域管路连接部位，水轮机高振动区域避免使用卡套接头。

[条款释义]

水轮机导水机构和进水阀操作机构等活动部件连接螺栓或传动销钉，由于经常动作易产生磨损造成松脱，两者直接控制水轮机的流量，一旦其失效会产生较为严重的事故。水轮机的高振动区域卡套式接头在振动和压力脉动的作用下可能出现密封失效和松脱情况。

[案例5-14]　某水电厂安装有9台灯泡贯流式机组，2001年11月2日，4号机组处于满负荷运行，运行人员发现压油槽油位下降很快，调速器油泵启动频繁，立即申请停机检查。维护人员拆开转轮后发现桨叶操作油管靠近转轮的一端已断裂，裂口离转轮约500mm。事故的主要原因是操作油管在安装过程中，焊接质量不过关，运行中产生裂纹导致破裂。

[案例5-15]　某水电厂1号机组运行时出现1片桨叶不能转动的异常情况。电厂立即排水检查，发现该桨叶接力器连接螺栓出现断裂，现场检查断裂螺栓端口，属于疲劳断裂，且在螺栓内孔发现明显裂纹（见图5-8）。事故分析表明受力螺纹的第一牙根部的应力集中是产生疲劳裂纹的主要原因之一，螺栓回装时未按照设计的预紧力紧固螺栓也是加速螺栓疲

劳失效的一个重要原因。

图 5-8　桨叶接力器连接螺栓裂纹示意图

条文 5.5　防止水轮机振动损坏事故

条文 5.5.1　（基建阶段）新安装水轮机应进行稳定性测试，在稳定运行范围内，各部位的振动摆度应满足要求。

［条款释义］

机组的稳定运行范围执行国家标准《水轮机基本技术条件》（GB/T 15468），对不同型式的水轮机规定了保证稳定运行的负荷范围。新安装、大修后水轮机应选择代表性的水头进行转轮等重要部件动应力、水轮机压力脉动、主要部件振动、摆度和机组噪声的全面测试，必要时进行动平衡处理，保证机组的安全运行。

条文 5.6　防止水导轴承损坏事故

条文 5.6.1　（设计阶段）依靠油泵进行强迫油循环的水导轴承系统，油泵电源应独立双套配置，互为备用。

条文 5.6.2　（基建阶段）水导轴承安装过程中应确保轴承支撑结构无裂纹、松动等影响其承载能力的缺陷。

［条款释义］

水轮机导轴承紧固螺栓失效可能导致导轴承整体失效，增大机组振动摆度，易导致水导轴承损坏。

［案例 5-16］　2006 年 6 月 15 日，某水电厂 1 号机组发电工况并网，中控室发现 1 号机水导轴承摆度增大，监控显示超过 1000μm，水导轴承所有瓦温信号丢失，事故紧急停机。事故原因为部分销钉孔深度未达到设计深度，安装人员将销钉截短后打入，因此固定力量不足导致销钉松动，造成瓦支架及油盆振动增大，致使油盆螺栓松动脱出，剩余未松动螺栓因受力太大而被拉断，从而造成油盆整体错位，由于测温电阻引线全部由油盆外壁引出，最终导

致全部水导轴瓦测温电阻线拉断，并将测速及摆度探头损坏。

[案例5-17] 2007年11月某水电厂7号机组开始大修，本次检修过程中发现3、5、7号推力瓦严重损坏（见图5-9）。调查发现，7号机组运行已达47年，抗重螺栓头部、托盘严重磨（压）损伤，瓦面不能形成良好油膜，导致轴瓦润滑不良，运行时瓦温偏高，长期运行后瓦面机械性能下降，导致了推力瓦呈块状龟裂破坏。

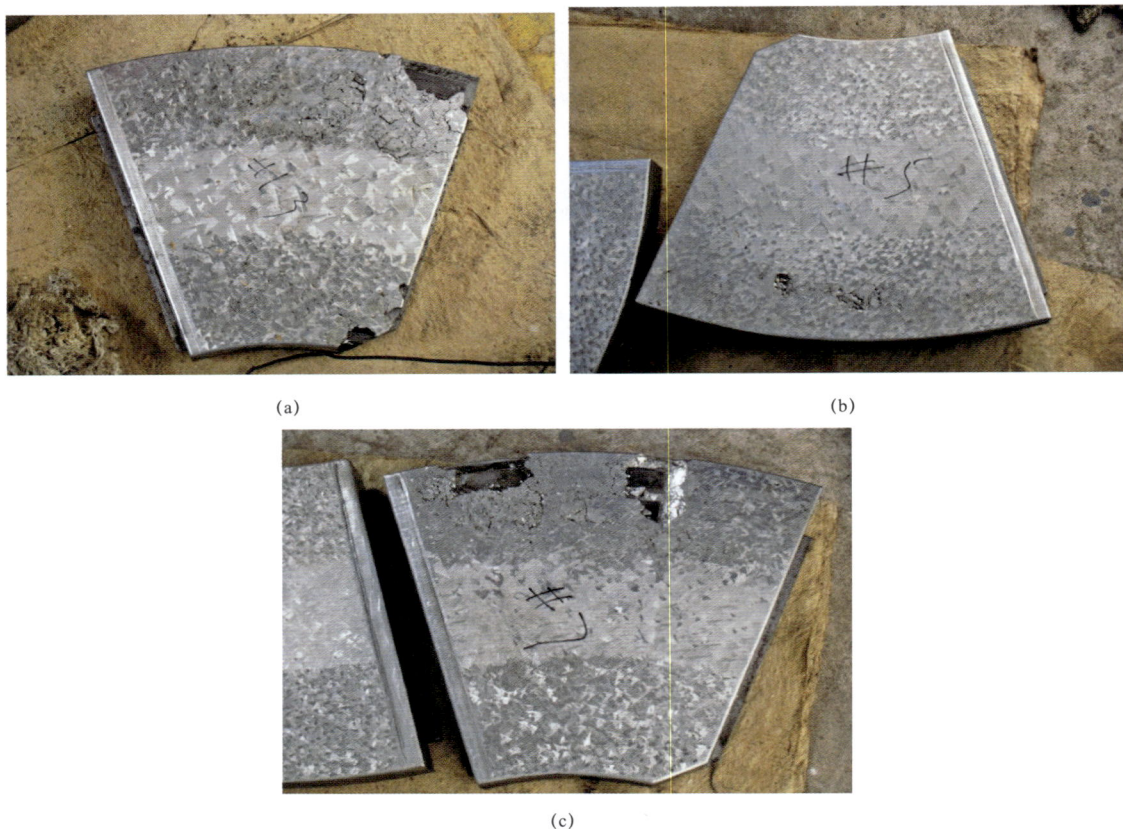

(a)

(b)

(c)

图5-9　各推力瓦损坏情况图

（a）3号瓦面损坏情况；（b）5号瓦面损坏情况；（c）7号瓦面损坏情况

条文 5.7　防止主轴密封过热损坏事故

条文 5.7.1　（运行阶段）主轴密封供水应保证水质清洁、水流畅通和水压正常，流量计、压力变送器、示流器等装置应定期检查确保其工作正常，主备用供水水源应定期进行切换试验。

[条款释义]

主轴密封无论采用何种密封方式，均存在转动部分与固定部分。在运行过程中要求润滑水质较高，压力和流量设计均要求达到一定标准。近年来由于国内工业化快速发展，水质受环境影响较大，存在运行时期与设计时期水质变化的情况，从防止机组非停和水淹厂房角度要对主备用供水进行定期切换，验证设备功能完好。

［案例5-18］ 2000年1月29日5:47，某水电厂2号机组在抽水过程中跳闸，事故原因为主轴密封润滑水流量低，机组跳闸，当时上游库区水位偏低，水质较差，库区内的小鱼密度很大，通过技术供水取水口进入管道中，将主轴密封润滑供水过滤器堵塞导致水流量过低。

［案例5-19］ 1991年4月2日，某水电厂4号机组开机并网，发现主轴密封冒烟，运行维护人员检查发现主轴密封圈烧毁。经过事故分析发现，主要原因是4号主轴密封润滑水的两路水管其中一路不通，六块主轴密封橡胶片有一水槽不通，加之事故前多次进行调相试验，出现密封圈被磨损现象，磨损的橡胶泥堵死了另一路水管，造成主轴密封润滑水中断。

条文5.7.2 （运行阶段）主轴密封压力、流量、温度等报警装置工作正常，定值整定正确。

［案例5-20］ 2014年1月22日某水电厂4号机主轴密封温度2传感器故障，温度从11.3℃上升到78.6℃，其他主轴密封温度传感器测量温度约11℃，上位机发高报警和过高报警，4号机事故停机。主轴密封温度高报警时应检查主轴密封实际温度是否正常，测值不准确时应查明原因并及时处理。此外应检查水机保护逻辑，必要时进行修改，避免因单个传感器故障导致事故停机。

6 防止发电机损坏事故

总体情况说明

发电机损坏事故主要表现为：发电机扫膛、定转子烧损、推力及导轴承烧瓦等。发电机损坏事故主要原因有：① 发电机振动或部件固定不牢导致部件松动；② 定转子绝缘损伤导致绝缘降低、接地或短路；③ 轴承瓦体或油压设计不合理、轴瓦松动等导致轴瓦受力过大或受力不均。因此，为防止发电机设备损坏事故发生，应在设计阶段加强转子各部件强度校核，在材料结构和预紧力方面加强防断裂、防松脱设计，防止定子绝缘损坏，在基建阶段加强紧固件无损检测，在运行阶段加强转动部件检查、防止高速加闸。

本章重点针对防止发电机损坏事故反措条款，结合水电厂发展的新趋势、新特点和暴露出的新问题，分析代表性案例及原因，进一步详解了落实防止发电机损坏事故的具体措施。

本章节共分为九个部分，内容包括：防止发电机扫膛事故、防止发电机部件松动事故、防止发电机振动损坏事故、防止定子绕组绝缘损坏事故、防止转子绕组绝缘损坏事故、防止局部过热损坏事故、防止发电机轴承损坏事故、防止发电机电压回路设备损坏事故、防止发电机非同期合闸和误上电事故。

条 文 说 明

条文 6.1 防止发电机扫膛事故

条文 6.1.1 （设计阶段）制造厂家应提供转子各部件的刚度、强度有限元计算分析和疲劳寿命报告，分析机组在飞逸转速、各种工况下强励、发电机定子缺相、短路等故障情况下的磁极线圈最大等效应力，并核算设计结构下的线圈变形量。

[条款释义]

抽水蓄能机组运行工况复杂，设计阶段除考虑转子磁极在飞逸等恶劣工况下的应力变形外，还应全面考量不同工况下强励、发电机定子缺相、短路等故障情况下磁极线圈最大等效应力及变形量，防止设计缺陷导致磁极在特殊工况下损坏，导致扫膛事故发生。

[案例 6-1] 2009 年 10 月，某电厂进行 1 号、2 号机组一管双机甩 100%负荷调试试验时，机组过速，产生巨大的离心力，转子线圈向极靴侧挤压，导致磁极线圈变形、铜排断裂甩出，与定子铁芯和线棒发生接触、摩擦，导致定子三相接地短路，发生发电机扫膛事故（见图 6-1、图 6-2）。分析事故原因：设计时未全面考量各工况下磁极线圈的应力及变形量，极靴和磁极压板设计不合理。

图 6−1　磁极线圈翻出

图 6−2　定子线棒受损

条文 6.1.2　（设计阶段）额定转速在 **300r/min** 及以上的抽水蓄能机组磁极线圈宜采用无氧硬铜排拼焊成型结构。

［条款释义］

无氧硬铜排具有电阻率低、发热量小、导电效率高、柔韧性好等优点，较宜作为高转速抽水蓄能机组转子磁极线圈的主材料。

条文 6.1.3　（设计阶段）转子上侧挡风板固定螺栓等紧固件应采用防止松脱落入旋转区的防护结构。

［条款释义］

转子上侧挡风板相关紧固件受振动、热变形等因素影响，较容易松动、松脱掉入发电机内部，极易造成发电机扫膛事故。

条文 6.1.4　（运行阶段）机组过速保护动作后，应全面检查转动部件，重点检查磁极挡块、磁极连接线、磁极线圈等异常变化情况。

［条款释义］

机组正常运行时，磁极在巨大的径向离心力作用下与磁轭紧贴，不会产生松动。但在甩负荷等过渡过程中，机组振动较大，磁极不可避免还将受到切向、轴向方向的力。容易挤压磁极挡块，拉扯磁极连接线，造成线圈开匹等异常情况。机组过速保护动作后重点检查并确认磁极线圈、磁极围带、磁极垫块、阻尼环、磁极键、支撑块、转子引接线、导风叶等转动部分无变形、松动等异常现象。具备条件的机组可采用内窥镜配合盘车进行检查。

［案例 6−2］　2009 年，某电厂 2 号机组（额定转速 375r/min）开展 B 修后甩负荷试验，利用内窥镜检查发现多个磁极中部挡块出现裂纹。分析事故原因：① 装配和加工工艺不良，不锈钢块卡在环氧支撑凹槽内，不锈钢块和环氧支撑之间存在间隙导致受力在侧面及弧形处，对挡块形成两个侧向拉力；② 机组甩负荷时，切向应力变大，最终导致环氧支撑裂纹的产生（见图 6−3）。

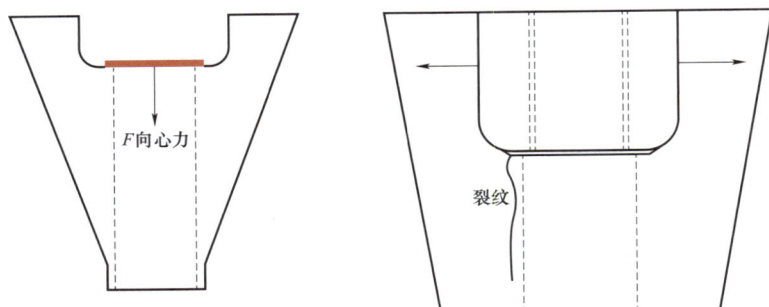

图 6-3　中部挡块设计受力和实际受力图

[案例 6-3]　2011 年 6 月，某电厂转子磁极线圈受损，所有转子磁极线圈下端部装配用挡块受径向力（朝大轴方向）剪断或变形，固定螺栓松动或被切断掉落，所有转子磁极线圈上端部装配用挡块受力向大轴方向少量移位，所有磁极线圈有明显向发电机中心位移痕迹，下端部比上端部明显（见图 6-4）。分析事故原因：① 磁极线圈挡块结构设计不合理；② 转子磁极在低转速电制动时受瞬间饱和漏磁通产生的径向向内的力的作用下，转子磁极线圈后向大轴位移，导致相对脆弱的磁极装配用挡块受扭力作用受损。

图 6-4　线圈挡块受损

条文 6.2　防止发电机部件松动事故

条文 6.2.1　（设计阶段）发电机转动部件紧固件应明确预紧力要求，并有可靠的防止松脱措施，应明确要求制造厂提供紧固件的检查标准。

[条款释义]

发电机磁极引线、连接线等导电部件上的紧固件必须严格执行厂家提供的预紧力要求，防止连接部位压紧不足增大接触电阻，或者打紧过度导致结构变形。防松脱措施可采用锁定片、锁定胶等。

[案例 6-4]　某电厂自 2012 年投产以来，先后于 2014 年和 2016 年出现过两次因转子引线穿轴部位烧灼造成转子接地故障事件（见图 6-5）。分析事故原因：① 该电厂发电机组转

子引线在大轴处为穿轴设计，采用材质为紫铜的穿轴螺杆与方形螺母把合转子引线铜排并用锁片机械锁定的设计方式，由于铜的硬度较低，受力容易变形；② 装配时安装人员用力过大或机组长期高强度运行时的高温及离心力等多重因素影响下，穿轴螺杆螺纹容易变形，导致安装时严密贴合的转子引线铜排与方形螺母产生间隙，间隙造成接触电阻过大，运行时产生大量热量，造成转子引线铜排在间隙处熔融。

图 6-5　转子引线上端穿轴部位螺杆与方形螺母烧灼

条文 6.2.2　（设计阶段）发电机定子铁芯应采用收缩小、固化快的绝缘漆，应有防止轴向松动的压紧补偿措施。

[条款释义]

定子铁芯使用收缩小、固化快的绝缘漆能减小长期运行后铁芯叠片间产生较大间隙，轴向压紧措施能够防止铁芯叠片轻微松动的情况下有足够的压紧量。

[案例 6-5]　2002 年 10 月，某电厂 3 号机组在 200MW 满负荷发电工况运行时，由于定子铁芯硅钢片位移割伤线棒绝缘，导致定子接地保护动作而停机（见图 6-6）。分析事故原因：定子铁芯压紧结构设计不合理，设计采用一对薄压指压住一层薄薄的齿压板，压指由一圈环板压紧，此结构的压紧效果较差，不能产生足够的压紧力（见图 6-7）。

图 6-6　铁芯压紧结构

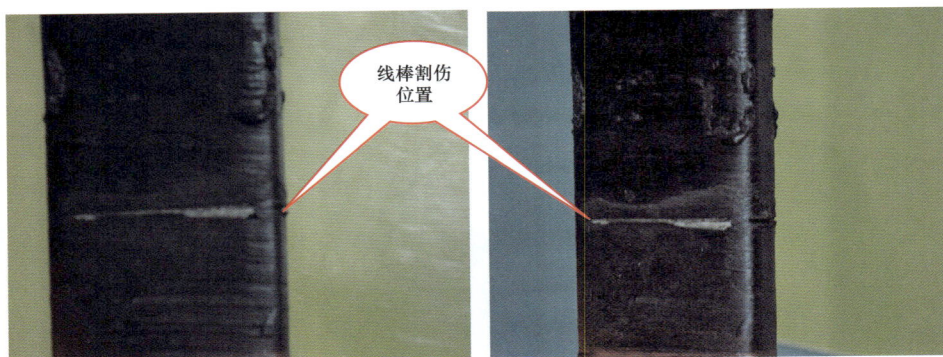

图 6-7　硅钢片位移割伤的线棒

条文 6.2.3 （运行阶段）应定期检查校验机械制动投退转速整定值及相关回路，定期检查防止高转速投入机械制动措施。

[条款释义]

水轮发电机机械制动系统拒动会导致停机过程中机组长时间低速运行，破坏轴瓦油膜，加速轴瓦磨损甚至烧毁；机械制动系统在高转速下误投会导致制动系统甚至机组的严重损坏。

[案例 6-6] 1999 年 10 月，某电厂 4 号机（额定转速 500r/min）做动平衡试验期间，在此期间，电调直流系统出现短暂失电故障，电调失电后机组跳机，机组转速下降至 495r/min 时，发生高速加闸事故。分析事故原因：机组停机过程投机械刹车的条件是导叶全关、机组开关拉开同时机组转速小于 5%。电调失电后，测速装置无法保持失电前的测量值；在电源恢复后，测速装置的恢复存在一个从零转速逐渐上升至实际转速的过程，就造成机组机械制动控制中转速小于 5%额定转速条件的满足，误投机械制动。

条文 6.2.4 （基建阶段）应定期检查维护发电机转动部件紧固件，结合设备检修对易产生疲劳损伤的紧固件进行无损检测，及时更换探伤结果不满足安全生产要求和达到使用期限的紧固件。

[条款释义]

发电机转动部件上的紧固件较易产生疲劳损伤，且外观检查无法发现内部潜在缺陷，需定期结合检修进行无损检测。M32 及以上螺栓应提供检测报告。

[案例 6-7] 2018 年 6 月，某电厂 1 号机组检修时，对磁极围带焊点 PT 探伤发现 14 个磁极的围带焊点均存在不同程度裂纹（见图 6-8）。分析事故原因：① 经计算发现磁极围带焊接采用间断焊 3mm 角焊缝时，焊点的计算寿命仅为 8 年，1 号机组经过接近 5 年时间高强度运行，焊缝的薄弱点出现裂纹甚至开裂；② 焊点完全开裂的围带侧面与磁极铁芯贴合部位存在约 0.9mm 间隙，当围带受到侧向力时不能将受力直接有效传递到铁芯，仅能靠焊缝传力，这样在机组频繁启停及温度变化作用下，焊缝受交变力影响，导致焊缝开裂。

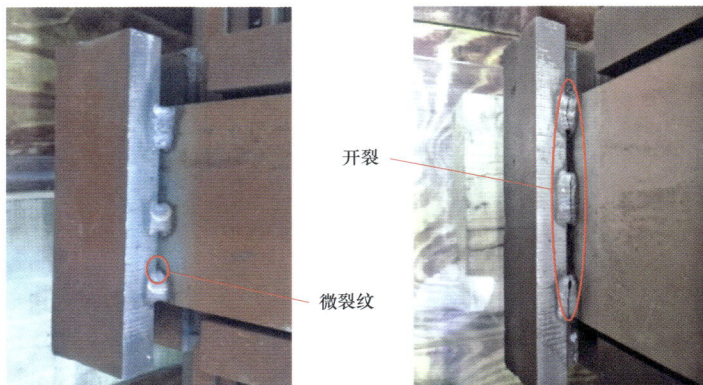

图 6-8　围带焊点开裂处

[案例 6-8]　2021 年 1 月 20 日，某电厂 2 号机组月度定期检查中发现 4 号磁极线圈侧边绝缘垫块存在 3 处裂纹。分析事故原因：为外购的绝缘垫块加工质量存在问题，未按设计工艺加工，按设计绝缘垫块（层压环氧玻璃布板）开槽应在层压环氧玻璃布板的纵剖面上开槽，而实际是在横切面上开槽，导致凸台底部恰巧处在或接近绝缘垫块的层间位置，强度偏弱（见图 6-9）。

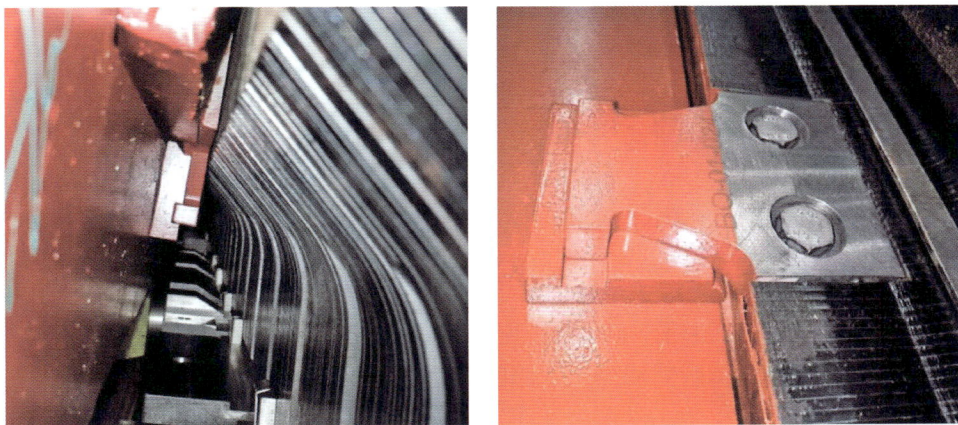

图 6-9　磁极线圈侧面压块

条文 6.3　防止发电机振动损坏事故

条文 6.3.1　（运行阶段）当发电机转子绕组发生一点接地时，应设法转移负荷，立即查明故障点与性质，防止两点接地事故，抽水蓄能机组转子一点接地保护应投跳闸。

[条款释义]

发电机转子绕组若由一点接地发展为两点接地故障，会破坏发电机气隙磁场对称性，使气隙磁场发生畸变引起发电机剧烈振动。同时，两点接地还可能造成非短路绕组的电流增大、流过转子本体的电流增大，在热效应的作用下可能将转子烧损，另外还可能损坏其他励磁装置。为确保抽水蓄能机组安全运行转子一点接地保护应投跳闸。

[案例6-9] 2018年9月，某抽水蓄能电厂4号机组抽水运行过程中，3号磁极线圈铜排内移引起转子一点接地保护动作导致跳机（见图6-10）。分析事故原因：磁极改造时绝缘托板在工地打磨过量或滑移层（干性润滑剂材料）涂刷工艺不到位，导致机组运行时首匝铜排L角处磁极线圈与绝缘托板之间的摩擦力较大，从而阻碍磁极线圈自由热膨胀，使轴向长边铜排在冷热态交替中产生蠕变，逐次累积后造成轴向向上位移，圆弧短边由于与长边焊接为一体，也跟随逐步向上位移，最终导致该线圈首匝下端L角处铜排向铁芯方向内移，破坏极身绝缘后接地。

图6-10 内移的线圈铜排

条文 6.3.2 （运行阶段）发电机运行过程中发现振摆指标异常时，应尽快查明原因，必要时结合机组检修进行动平衡试验。

条文 6.4 防止定子绕组绝缘损坏事故

条文 6.4.1 （设计阶段）定子线棒上、下端部均应设置支撑环，其材质为非磁性材料，用于连接和固定线棒上、下端部，防止机组运行过程中定子线棒端部振动引起绝缘损伤。长铁芯机组其端部支撑应具有应对线棒热膨胀的措施。

[条款释义]

机组在运行过程中由于电磁力、机械振动等因素，使线棒（特别是线棒端部）在长期的运行振动中可能会出现松动现象，从而磨损线棒主绝缘。因此定子线棒上下端部均应设置用于连接和固定线棒上、下端部的支撑环，长铁芯机组由于线棒热膨胀量相对较大，其端部支撑还应具有应对线棒热膨胀的措施。

[案例6-10] 2012年，某抽水蓄能机组抽水启动试验过程中定子接地保护动作，检查发现定子B相绕组155槽上层线棒发生绝缘接地故障。分析事故原因：该机组上层线棒端部支撑固定不牢靠，仅将整个上层线棒端部通过玻璃纤维软管绕起来成一整体，未与下层线棒绑扎，也未采取其他任何加固措施，长期运行过程中线棒出现松动，磨损上层线棒的主绝缘，导致对地击穿。

[案例6-11] 2022年5月，某抽水蓄能机组发电电动机进行电气预防性试验，在进行

定子绕组泄漏电流和直流耐压试验时，定子 A 相绕组试验电压升至 2 倍额定电压保持 10s 时发生放电现象（见图 6-11）。分析事故原因：① 由于在机组设计和安装阶段，1 号机组定子绕组汇流排在与绝缘支撑板之间未设置聚酯毡等缓冲材料；② 同时绝缘支撑板卡槽表面加工时不够平整，使两者之间在机组运行时存在摩擦，机组长时间运行后，汇流排表面绝缘层产生磨损，从而导致汇流排绝缘降低，并最终在定子绕组泄漏电流和直流耐压试验中出现放电现象。

图 6-11　放电部位和拆除固定绑绳后磨损情况

条文 6.4.2　（设计阶段）定子铁芯穿心螺杆宜采用全绝缘结构，若采用分段绝缘结构，应有可靠措施防止穿心螺杆和铁芯间脏物进入造成穿心螺杆绝缘下降。

[条款释义]

新设计或改造机组定子铁芯使用穿心螺杆时建议采用全绝缘结构。穿心螺杆周围易积累杂质，当使用分段绝缘结构时，可能导致穿心螺杆与铁芯之间的绝缘降低。

[案例 6-12]　2009 年，某电厂 4 号机组调试期间，升压试验过程中定子铁芯烧损（见图 6-12）。分析事故原因：① 定子穿心螺杆采用分段绝缘套管结构，且螺杆表面未涂刷绝缘漆；② 由于原绝缘套管结构易造成灰尘堆积，且基建期风洞内环境较差，粉尘或其他杂质附着于定子铁芯穿心螺杆及绝缘套管上，导致部分铁芯穿心螺杆绝缘较低，造成升压过程中铁芯烧损。

图 6-12　烧损部位图片

条文 6.4.3 （设计阶段）定子绕组端部所有的接头和连接应采用银铜焊接工艺，接头处的载流能力不得低于同回路的其他部位。

[条款释义]

银铜焊具有良好的间隙填充能力，保证焊接强度的同时能够有效降低接触电阻，提高导电性能。

条文 6.4.4 （设计阶段）发电机定子中性点引出线应采用硬铜排或电缆。

[条款释义]

发电机定子中性点引出线一般较长，若采用软连接，软连接各分支之间间隔较小，长时间运行后，软连接发热下垂、变形，导致不同分支接触，可能导致横差保护误动作。

[案例 6-13]　　2012 年 6 月，某电厂 1 号机组抽水运行过程中机组横差保护动作，检查发现发电机定子中性点软连接 A 相 2、3 分支接触（见图 6-13）。分析事故原因：中性点 A 相软连接 2、3 分支有受热下垂接触，产生分支不平衡电流，横差电流互感器产生差流，差流超过保护定值，保护动作。

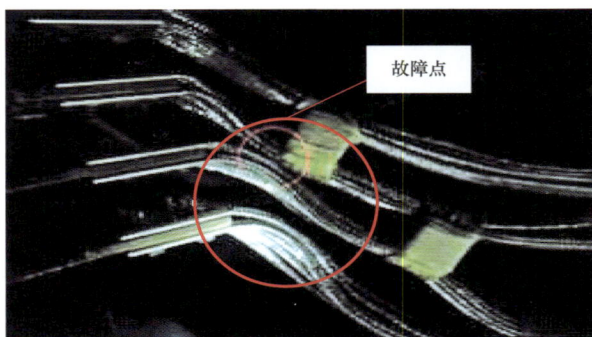

图 6-13　2、3 分支接触点

条文 6.4.5 （设计阶段）机组设计时，应严格按照规程要求进行定子绕组抗短路能力设计，防止外部设备短路时，线圈失稳变形导致事故扩大。

[条款释义]

如发电机定子绕组抗短路能力不够，在发生外部设备短路情况下，可能会导致定子线棒失稳变形或烧毁，造成严重设备损坏。

条文 6.4.6 （设计阶段）抽水蓄能机组定子线棒端部绝缘应采用全封闭环氧浇筑绝缘结构，对于已投运的采用其他绝缘结构的机组，应要求制造厂重新进行端部绝缘设计。

[条款释义]

敞开式端部绝缘结构，较容易因线棒端部灰尘堆积、受潮等原因，造成相邻线棒击穿或短路，设备制造厂家设计综合考虑定子线棒电流密度、温升与端部绝缘形式的配合关系等，抽水蓄能机组应采用绝缘强度高的全封闭环氧绝缘结构。

[案例 6-14]　2015 年 9 月，某水抽水蓄能机组静止变频器拖动 4 号机组抽水调相工况

启动至 98%额定转速时，4 号发电电动机定子线棒发生相间短路故障。现场检查发现 14、15 槽线棒驱动端部位被烧伤（见图 6-14），支撑环、斜边垫块、绑绳、绝缘盒、线棒驱动端端部不同程度烧伤（见图 6-15）。分析事故原因：发电机定子端部只在异相之间设置开放式绝缘盒，同相之间未设置任何绝缘，线棒端部导体裸露，抵御单相接地和相间短路的能力较弱。

图 6-14　第 14、15 槽下层线棒下部烧损部位

图 6-15　支撑环、绑绳、绝缘盒烧损

条文 6.5　防止转子绕组绝缘损坏事故

条文 6.5.1　（设计阶段）制造厂应核算转子励磁回路突然断路、定子绕组短路或缺相等事故工况下磁极线圈匝间过电压分布，磁极线圈匝间绝缘设计应能承受上述故障时产生的过电压冲击。

[条款释义]
转子绕组匝间绝缘强度设计时应保证能够承受定转子在各种极端工况下的过电压冲击。

[案例 6-15] 2019 年某电厂 1 号机组并网点断路器断口闪络后，转子绕组窜入高电压击穿，造成匝间短路并接地。分析事故原因为：转子绕组匝间绝缘强度不能承受极端工况下的过电压冲击。

条文 6.5.2 （设计阶段）抽水蓄能机组磁极连接线应采用抗疲劳结构，若采用刚性磁极连接线，应采用整板加工的一体铜排，不应使用拼焊成型结构，连接线的受力情况要经计算分析。

[条款释义]

抽水蓄能机组磁极在运行过程中会出现微小的往复运动。磁极之间的相对位移会不断拉扯磁极连接线，若连接线抗疲劳性能较差或者刚性连接线存在焊口等薄弱点容易在这些位置出现裂纹，导致烧损等事故发生。

[案例 6-16] 2017 年 3 月和 2018 年 6 月，某抽水蓄能机组两次在运行过程中出现磁极引线 R 弯处熔断（见图 6-16）。分析事故原因：① 引线弯型时半径 R 过小，设计裕度不够，导致 R 弯处应力较大；② R 弯处存在褶皱、压痕等工艺成型缺陷，金相分析显示磁极引线铜排 R 弯处内部有微裂纹和晶粒粗大现象，微裂纹随机组振动扩大最终导致引线发热熔断。

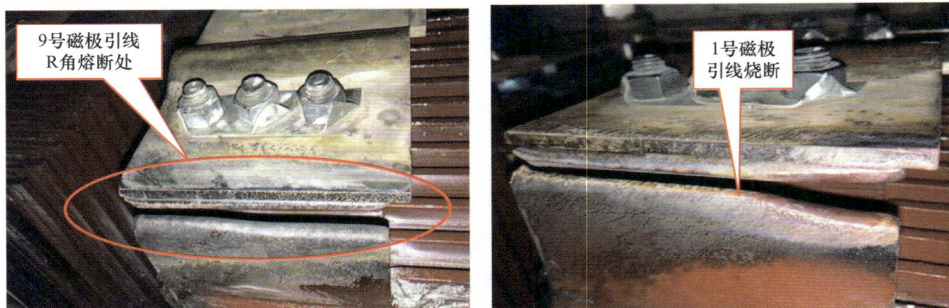

图 6-16　磁极引线烧损位置

[案例 6-17] 2016 年 11 月，某抽水蓄能机组发电启动过程中磁极连接铜排焊缝开裂（见图 6-17）。分析事故原因：① 该机组磁极间连接铜排采用拼焊结构，对铜排焊缝断口处进行检查分析，发现该连接部位焊缝在焊接时未熔透；② 铜排螺孔与安装部位存在位置偏差，安装过程中强制安装造成应力集中，机组长时间运行，铜排焊缝逐渐开焊断裂。

图 6-17　磁极连接铜排焊缝开裂部位

[案例6-18] 2021年8月4日，某抽水蓄能机组发电启动过程中由于"机组调速器启动/发电机励磁不满足"故障导致启动失败。分析事故原因：转子磁极间连接Ω型连接板断裂（见图6-18），致使发电机转子励磁回路断开，更换连接板后恢复。

图6-18 磁极间连接板断裂处

条文 6.5.3 （设计阶段）磁极连接线在磁轭与磁极上均设有固定点时，应在连接中设计补偿装置，以吸收磁极与磁轭的相对位移、振动产生的拉伸应力。

[案例6-19] 2013年，某抽水蓄能机组检修发现2号磁极引出线有两处裂纹（见图6-19）。分析事故原因：① 磁极引出线采用刚性连接，无补偿装置，磁极连接线各部件装配时由于工艺不当导致材质受损引起连接线局部机械损伤（从图6-19中可以看出磁极引线表面有明显的敲击痕迹）；② 运行中由于振动、温升、电磁力、离心力等产生的变形导致裂纹。

图6-19 磁极引线裂纹位置

条文 6.5.4 （设计阶段）抽水蓄能机组磁极连接线铜排直角平弯时，弯曲半径应不小于 $2d$（d 为铜排厚度），经计算应力较大部位，弯曲半径不小于 $4d$。

[条款释义]

防止弯曲半径过小，易造成折弯处应力集中，长期运行产生疲劳裂纹，进而可能导致磁极连接线及磁极烧损。

[案例6-20] 2019年1月，某电厂1号机8号磁极下部引线 R 角处熔断（见图6-20）。分析事故原因：① 磁极连接线铜排弯角半径为5mm，铜排厚度为4.8mm，弯角半径裕度较小，在电磁拉力和机械应力的作用下，易造成疲劳；② 机组长时间运行产生机械损伤，导致

局部电阻变大、热量积聚，最终导致 R 角熔断。

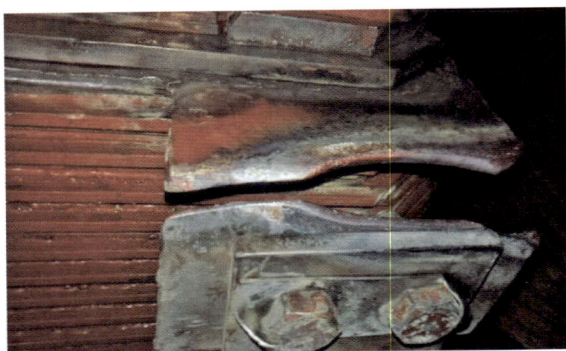

图 6-20　磁极引线烧损位置

条文 6.5.5 （设计阶段）抽水蓄能机组转子励磁引线穿轴段宜采用一体化铜排连接或分段焊接连接结构。对于已投产采用穿轴螺杆的机组，存在隐患的应要求制造厂重新进行设计评估。

［条款释义］

转子励磁引线穿轴螺杆的设计型式采用把合螺栓结构，相对较易松动，导致接触电阻变大，造成过热烧损。

条文 6.5.6 （基建阶段）现场安装磁极连接铜排过程中，应保持铜排在自由状态下连接固定，安装矫正时不应引起连接线受损。

［条款释义］

磁极连接铜排宜采用现场装配打孔的形式安装，保证孔位孔距与现场磁极安装位置完全配合，最大程度降低现场装配修型造成连接线出现机械损伤的可能性。

［案例 6-21］　2012 年 10 月，某抽水蓄能机组检修后启动试验过程中，因磁极引线铜排熔断造成保护动作跳机（见图 6-21）。分析事故原因：① 磁极引出线采用刚性连接，磁极连接线各部件装配时由于修型矫正时工艺不当导致材质受损引起连接线局部机械损伤；② 运行中由于振动、温升、电磁力、离心力等产生的变形导致裂纹，裂纹部位电阻增大，通流后运行中发热熔断。

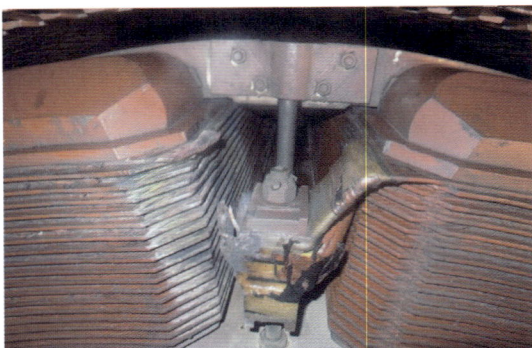

图 6-21　磁极引线烧损位置

条文 6.5.7 （运行阶段）定期检查或检修时，应检查磁极引出线根部、磁极连接线弯曲处等应力集中部位有无裂纹情况，通流部件有无过热、螺栓松动等情况。

[案例 6-22] 1999 年 11 月，某抽水蓄能电厂 2 台机组检修时发现转子部分磁极连接线有裂纹（见图 6-22）。分析事故原因：磁极整体结构为浮动式，且磁极连接线原设计采用刚性连接，垂直于磁轭上端面切向连接。采用此种连接方式没有充分考虑到机组转速高、启停频繁、双向旋转及浮动磁极正常运行时磁极线圈存在一定位移的特点，当机组高速转动时磁极连接线弯部出现应力局部集中，无法有效补偿机组运行时在离心力、机械应力、电磁力、振动、温升、疲劳等因素下或在飞逸、电气短路等异常工况下产生的位移和变形，导致磁极连接线出现裂纹。

图 6-22 磁极连接线弯曲处裂纹

条文 6.6 防止局部过热损坏事故

条文 6.6.1 （设计阶段）风洞内磁场密集区域金属联接材料（如挡风板支架）应采用不锈钢或高强度铝合金等非磁性材料。

[条款释义]

发电机在运行过程中，风洞内设备特别是靠近定子线棒部位会产生强磁场，若是导磁性材料则会形成涡流，引起该部件发热，强度降低甚至松动脱落造成严重事故。

[案例 6-23] 2017 年 11 月，某抽水蓄能机组下挡风板内与挡风板支撑连接的内镶嵌碳素钢板脱落，造成转子磁极和定子线棒有不同程度损伤（见图 6-23～图 6-25）。分析事故

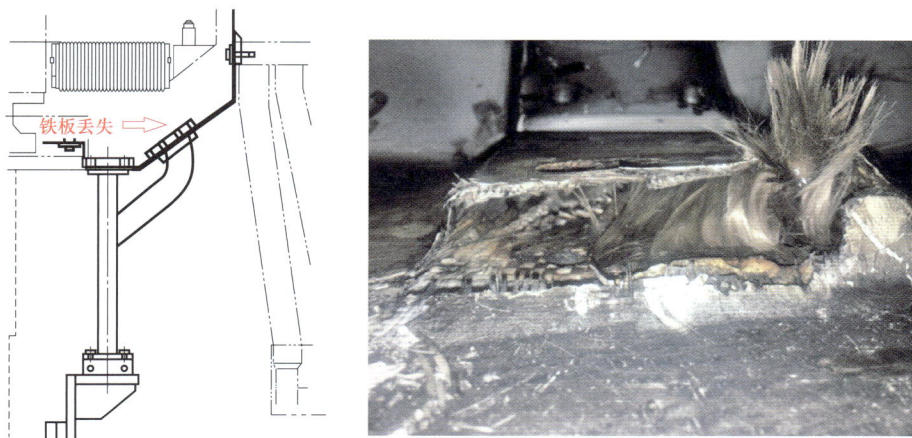

图 6-23 脱落钢板的位置

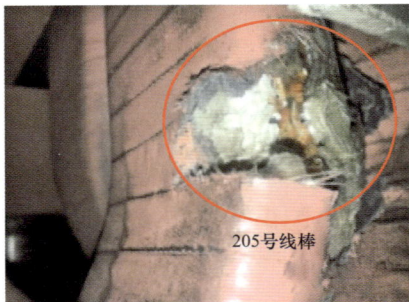

图 6-24　线棒主绝缘受损

图 6-25　脱落的钢板

原因：① 主机厂分包供应商在制造挡风板过程中未按图纸规定使用非导磁性材料不锈钢，而是使用了带磁性的普通碳素钢；② 钢板在发电机内交变磁场作用下发热，导致周围材质变性，失去机械强度。钢板与挡风板在浇筑成型时未填充密实，钢板在磁场作用下长期振动，钢板击碎挡风板从内部"甩出"。

条文 6.6.2　（设计阶段）发电机励磁引线及磁极连接线的接头应采用镀银或搪锡工艺，制造厂应对接触面的电流密度进行计算校核，确保机组运行时接触面的温升在安全范围内。

［条款释义］

镀银或搪锡能够防止磁极连接线表面铜质的氧化，同时能够降低接触电阻和能量损耗，防止接触面在通过大电流时过热导致烧损。

条文 6.6.3　（设计阶段）发电机定子线圈和铁芯设计埋入式测温元件时应冗余布置每个测点。

条文 6.6.4　（基建阶段）制造厂应在硅钢片出厂前进行铁磁特性和损耗试验，其他磁轭冲片、主轴及镜板等主要部件所用钢材应进行化学分析、机械性能、无损检测等试验。

条文 6.6.5　（运行阶段）在安装或检修过程中，所有带入发电机风洞内的材料工具均应登记，防止遗漏。进行焊接等作业时，应做好防护措施，防止焊渣或金属屑等异物掉入发电机内部。

［案例6-24］　某电厂 1 号发电机定子线棒下端部绝缘受损（见图 6-26）。分析事故原因：① 发电机转子在安装过程中，现场组装焊接的转子中遗留有焊瘤、焊渣，以及转子组装过程中一些小颗粒杂质可能遗留在转子中；② 机组在运转过程中，转子上松动的焊瘤、遗留的小颗粒焊渣会松动脱落，遗留在转子中的小颗粒杂质一起在转子转动的离心力作用下往定子侧飞溅，部分小颗粒在空气围屏和下挡风板之间的间隙中飞出，撞击线棒，造成了线棒表面的损伤。

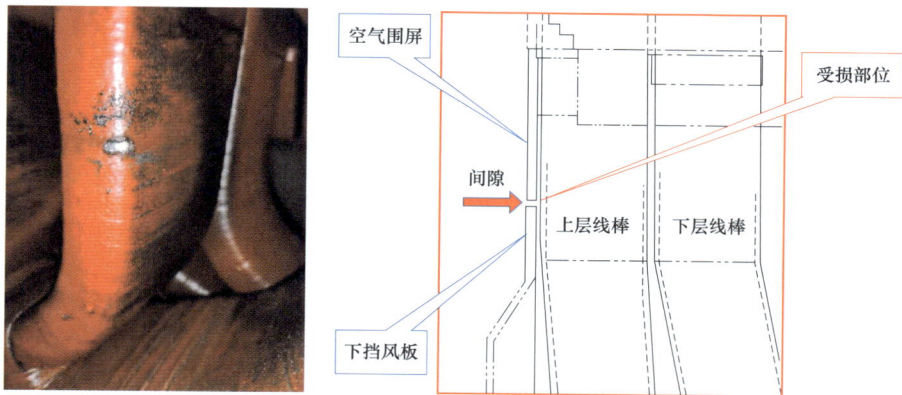

图 6-26　线棒主绝缘受损部位

条文 6.7　防止发电机轴承损坏事故

条文 6.7.1　（设计阶段）导轴承支撑方式宜采用球面支撑，保证导瓦径向和切向调整灵活。

［条款释义］

轴承导瓦在机组运行过程中，尤其是振动摆度较大运行工况时，导瓦会受到较大应力，支撑方式采用球面支撑，使得导瓦可以径向和切向适当活动，能够有效释放局部过大应力，避免造成轴瓦损坏。

条文 6.7.2　（设计阶段）制造厂应对机组各种运行条件下和典型转速点推力轴承及导轴承油膜厚度、压力，轴承受力、强度等进行分析计算，并提交正式计算报告。同时，应设计有防止油雾溢出油箱污染发电机定子、转子部件的措施。

［条款释义］

足够的轴承油膜厚度和高顶油压是保证轴承润滑的前提，为保证轴承能够承受机组各工况下的强度径向和切向力，轴承必须有足够的强度。油雾污染定转子可能造成绝缘下降，甚至短路、击穿。

［案例 6-25］　2021 年 4 月 27 日，某抽水蓄能机组升速过程中发现上导摆度超过 500μm，因上导摆度过大而手动停机（见图 6-27）。分析事故原因：最初设计及加工上导滑转子内环与主轴配合过盈量不足，滑转子存在倾斜现象，导致上导摆度过大。

条文 6.7.3　（设计阶段）抽水蓄能机组推力轴瓦和导轴承瓦出厂前应进行全面的性能试验和无损检测。对于巴氏合金瓦，还应对成品瓦的瓦面合金成分、硬度、金相组织进行抽样检测。设备交货时应提交正式检测报告。

［条款释义］

轴瓦成分满足设计要求，才能保证瓦的各项性能指标以保证轴承能够承受机组各工况下的强度径向和切向力，无损检测能够提前发现瓦面有无裂纹、瓦胚有无脱胎等缺陷。

图 6-27 卡键安装后实物图

条文 6.7.4 （设计阶段）高压注油系统出口压力监视应设压力变送器和压力开关，分别用于监控系统远方监视和现地逻辑控制，在运电厂不满足要求的应进行改造。

[条款释义]

高压油顶起系统压力是保证推力轴承润滑的前提，为防止压力降低可能造成的烧瓦事故，应对高压油顶起系统压力进行监视和设置报警，以便压力异常时及时作出处理，防止事故发生。

条文 6.7.5 （基建阶段）制造厂应提供机组各工况条件下的高压注油系统运行压力计算保证值，并据此进行压力报警值整定。

[条款释义]

高压油顶起系统压力是保证推力轴承润滑的前提，应对高压油顶起系统压力进行计算，保证足够的油膜厚度，防止因润滑不够或干磨造成烧瓦事故，并应设置报警，以便压力异常时及时做出处理，防止事故发生。

条文 6.7.6 （基建阶段）高压注油泵出口安全阀整定值应不小于设备厂家计算的在推力轴承瓦面高压油室所形成的使推力轴承镜板与推力瓦完全脱开的瞬时冲击压力。

[条款释义]

高压注油泵出口安全阀整定值偏小，可能导致机组启动及低转速时转子顶起高度不够，推力轴承镜板与推力瓦无法完全脱开，造成干磨烧瓦事故。

条文 6.7.7 （设计阶段）机组出现异常运行工况可能损伤轴承时，应确认轴瓦完好后，方可重新启动。

[案例 6-26] 2008 年 10 月，某电厂 1 号机组检修期间发现推力瓦和弹性垫的固定夹弯曲变形，少数固定夹已经和弹性垫脱开，推力瓦和弹性垫之间有刮擦痕迹。该电厂机组推力瓦采用单个弹性垫支撑，弹性垫通过固定夹和推力瓦连接起来，弹性垫放在一个中间凸起的

弧形支座上。分析事故原因：当机组运行时，高压油泵启动，使得镜板和推力瓦分开，内侧固定销和基础环板的"弹簧作用"使得推力瓦向轴心外的方向移动，而此时弹簧垫由于仍和支座压紧而不能随推力瓦一起向外移动，因此在推力瓦和弹性垫之间就会产生一个相对的位移。这使得推力瓦和弹性垫之间产生划痕，同时也导致了固定夹的变形。

条文 6.7.8 （运行阶段）轴承轴电流保护或轴绝缘监测回路应正常投入，出现轴电流或轴绝缘报警应及时检查处理，禁止机组长时间无轴电流保护或无轴绝缘监测运行。

[条款释义]

水轮发电机运行时，由于定子、转子之间气隙磁阻不相等，以及定子铁芯分片和磁极配置不对称等原因，引起磁通不平衡。该不平衡磁通与轴切割产生的电动势（轴电压），其值沿发电机转子至转轮方向逐渐减小。当大轴上的电动势累积到一定程度后，轴电压就会击穿轴承油膜，使大轴与轴承和轴座之间构成回路，轴电流就可能达到很大数值（数百安到数千安），将导致油质劣化、轴承振动增大、轴瓦烧毁等事故。

条文 6.8 防止发电机电压回路设备损坏事故

条文 6.8.1 （设计阶段）离相封闭母线宜配备干燥空气循环装置等完善的驱潮防潮设施，防止封闭母线内凝露造成电气设备绝缘降低。

条文 6.8.2 （设计阶段）机组解列时，发电机出口断路器要先于磁场断路器断开，防止机组解列前失磁。

条文 6.8.3 （设计阶段）电气制动应在机组励磁退出且转动部分完全停稳（转速为零）后退出。

条文 6.8.4 （设计阶段）抽水蓄能机组发电机出口断路器应具备低频开断故障电流的能力，最小开断频率不高于 20Hz，制造厂供货时应提供相应的型式试验报告。

[条款释义]

抽水蓄能机组工况复杂，比如拖动启动工况过程中发生电气故障，发电机出口断路器需开断低频故障电流，因此要求抽水蓄能机组发电机出口断路器应具备低频开断故障电流的能力。

条文 6.8.5 （设计阶段）抽水蓄能机组背靠背调相启动时，应设计有防止拖动机组出口断路器开断允许频率范围外故障电流的措施。

[条款释义]

抽水蓄能机组发电机出口断路器虽具有开断低频故障电流能力，受当前技术限制，无法开断频率过低时的故障短路电流，为防止断路器发生烧损甚至爆炸事故，应设计有防止拖动机组出口断路器开断允许频率范围外故障电流的措施。

条文 6.8.6 （设计阶段）抽水蓄能机组发电机电压设备操动机构（含断路器、隔离开关、接地开关）应配置足够的常开和常闭的辅助位置接点供外部用户的控制、信号及联动回路用，不允许通过中间继电器扩展。

[条款释义]

抽水蓄能机组工况较多，发电机电压设备送给外部用户的控制、信号及联动回路较多，而使用中间继电器扩展，相对于设备本体配置的辅助位置节点，可靠性较低。

条文 6.8.7 （运行阶段）发电机电气制动设计应采取防止电气制动闸刀（或开关）三相不一致合闸情况下投入励磁的措施。

[条款释义]

发电机电气制动投入时，若发生电气制动闸刀（或开关）三相不一致合闸情况，可能导致电流不平衡和电流过大造成设备严重损坏事故。电气制动闸刀应使用三相联动操作机构。

条文 6.8.8 （运行阶段）新建抽水蓄能电厂发电电动机出口 SF_6 断路器宜装设灭弧触头剩余电气寿命监测装置以及灭弧室外壳温度监测装置，在运电厂可结合实际情况进行改造。

[条款释义]

抽水蓄能机组启停频繁，发电电动机出口 SF_6 断路器动作次数较多，且抽水工况停机时会切断较大电流，触头寿命相对常规机组较低，装设灭弧触头剩余电气寿命监测装置，能保证足够的灭弧能力，避免发生因灭弧能力不足导致断路器爆炸事故。

[案例 6-27] 2020 年 5 月，某抽水蓄能机组在稳态运行中由于机组出口断路器 SF_6 气体压力低信号动作，闭锁断路器动作（见图 6-28）。分析事故原因：① 该机组从停机稳态开始到断路器合闸时，由 A 相灭弧室中不明来源引起的运动阻塞，导致灭弧触头已经接触，但主触头未完全紧密贴合，由于抽水蓄能机组抽水调相工况机端通过灭弧触头的工作电流较小（200A 左右），在灭弧触头承载范围内；② 机组转为抽水工况运行，机端负荷电流迅速上升至 10.2kA，灭弧触头持续承受负荷电流，迅速升温并熔融，使灭弧室内气体快速升温膨胀，导致泄压装置动作。

图 6-28 A 相灭弧室外观情况

条文 6.8.9 （运行阶段）应定期检查频繁操作的隔离开关本体操作拉杆是否松动或变形，防止隔离开关拒动。

条文 6.8.10 （运行阶段）抽水蓄能机组的发电电动机出口断路器 SF_6 密度继电器宜结合断路器本体大修进行校验，不宜在机组运行或备用时进行在线校验。

条文 6.8.11 （运行阶段）封闭母线设备长期停运时，应采取有效措施防止母线内部受潮。

[条款释义]

如封母长期停运导致母线及支撑受潮绝缘下降，可能导致运行时发电机定子绕组接地故障，可使用母线微正压装置或干燥气体循环装置，机组检修时不应长时间将封闭母线暴露在空气中。

条文 6.9 防止发电机非同期合闸和误上电事故

条文 6.9.1 （设计阶段）微机自动准同期装置应安装独立的同期检查闭锁继电器，同期闭锁继电器应同时具备压差、频差、角差检查闭锁功能。

条文 6.9.2 （基建阶段）新投产机组在第一次并网前必须进行以下工作：

（1）对装置及同期回路进行校核、传动。

（2）利用发电机一变压器组带空载母线升压试验，校核同期电压检测二次回路的正确性，并对整步表及同期检定继电器进行实际校核。

（3）进行机组假同期试验，试验应包括继电器的手动准同期及自动准同期合闸试验、同期（继电器）闭锁等内容。

条文 6.9.3 （运行阶段）同期回路发生改动或设备更换的机组，在第一次并网前必须进行以下工作：

（1）对装置及同期回路进行校核、传动。

（2）利用发电机一变压器组带空载母线升压试验，校核同期电压检测二次回路的正确性，并对整步表及同期检定继电器进行实际校核。

（3）进行机组假同期试验，试验应包括继电器的手动准同期及自动准同期合闸试验、同期（继电器）闭锁等内容。

[条款释义]

发电机非同期并网过程类似电网系统中的短路故障，其后果是非常严重的。发电机非同期并网产生的强大冲击电流，不仅危及电网的安全稳定，而且对并网发电机组、主变压器以及发电机组的整个轴系也将产生巨大的破坏作用。

[案例6-28] 2014 年 8 月，某抽水蓄能机组抽水方向启动过程中，在同期装置发出合闸令后，机组出口断路器 GCB 未合闸，上位机未收到合闸反馈，运行人员发停机令，机组停机。检查发现智能交流采样模块 AI6303 未发出的同期确认信号，而 AI6303 和同期装置均发出同期确认信号后，GCB 合闸回路才能导通。分析事故原因：AI6303 模块的合闸判定条件较高，与同期装置配合不够完善。电厂人员对同期装置和 AI6303 模块进行重新校验，适当降低 AI6303 模块合闸条件后同期合闸正常。

7 防止主变压器设备损坏事故

总体情况说明

主变压器设备损坏主要表现为变压器内部结构件损坏、绕组绝缘击穿、套管击穿、冷却器渗漏、分接开关损坏等。主变压器设备损坏的主要原因有：① 抽水蓄能主变压器运行工况变化频繁，变压器频繁承受疲劳冲击；② 变压器无法承受近区短路电流冲击；③ 主变压器采用 GIS 与电缆混合线路的，在操作 GIS 带电侧隔离开关时无法承受特快速暂态过电压；④ 主变压器冷却方式采用水冷却的，变压器油中进水导致变压器绝缘击穿；⑤ 变压器结构设计不合理或制造阶段重要部件质量不佳。因此，为防止主变压器损坏事故发生，应在设计阶段加强变压器选型，基建阶段加强监造和安装质量管控，运行阶段加强设备状态监视。

本章重点针对防止主变压器设备损坏反措条款，结合水电厂发展的新趋势、新特点和暴露出的新问题，分析代表性案例及原因，进一步详解了落实防止主变压器设备损坏事故的具体措施。

本章共分为五个部分，内容包括：防止变压器出口短路事故、防止变压器绝缘损坏事故、防止变压器套管损坏事故、防止冷却系统损坏事故、防止分接开关损坏事故。

条 文 说 明

条文 7.1 防止变压器出口短路事故

条文 7.1.1 （设计阶段）抽水蓄能电厂主变压器不应采用制造厂该型号首台首套产品。

[条款释义]

抽水蓄能电厂抽水和发电工况转换频繁，运行工况复杂，主变压器多布置在地下厂房，不便于变压器检修和更换，为保证可靠性，应采用成熟产品。

[案例 7-1] 2020 年 5 月，某抽水蓄能电厂主变压器在合闸送电过程中，发生爆炸事故，经事故调查发现，是国内某制造厂自主制造生产的第一台用于抽水蓄能电厂的 500kV 主变压器，该变压器高压绕组的 500kV 进线上部首端两饼内的饼间和匝间绝缘存在潜在性缺陷，未能承受住空载合闸过程中的冲击电压。

条文 7.1.2 （设计阶段）为防止出口及近区短路，变压器 35kV 及以下低压母线应考虑绝缘化，厂用 10kV 线路宜考虑采用绝缘导线。

[条款释义]

35kV 及以下的母线间距及相对地的距离较小，容易受外部异物等因素的影响导致短路故障，对变压器造成冲击，因此要求对 35kV 及以下的母线做绝缘化处理。

［案例7-2］ 2020年1月29日，某220kV变电站2号主变压器两套差动保护动作，三侧开关跳闸。故障录波图显示为低压B、C相间短路。现场检查发现主变压器低压侧B、C相铜排表面存在放电痕迹，绝缘化材料局部破损烧蚀，下方有树枝异物，上方构架有鸟类筑巢痕迹。故障后主变压器油色谱、短路阻抗、直流电阻等诊断性试验结果正常。分析认为鸟类筑巢树枝掉落使主变压器低压侧相间搭接，同时主变压器绝缘化材料性能劣化导致沿搭接处相间击穿是造成主变压器差动保护动作跳闸的主要原因。

［案例7-3］ 2019年9月，某电厂2号主变压器运行中差动保护动作。该电厂处于山区多林少人地带，野生动物较多。户外开关站设置了挡墙及围栏，主变压器低压侧母线进行了绝缘化处理，但母线连接处未绝缘化处理。由于松鼠攀援能力强，越过围栏进入开关站，攀爬到运行中的2号主变压器箱体顶部低压侧套管引出线处。变压器低压母线接线板两相之间间距为30cm，松鼠（体长36cm）在行走时同时接触主变压器低压侧母线与套管连接的B、C相接线板，造成变压器低压侧B、C两相相间短路（见图7-1）。

图7-1 由松鼠造成相间短路事故现场

条文7.1.3 （设计阶段）户外主变压器低压侧采用离相封闭母线的，靠本体封闭母线活动节应采用防进水结构的产品。

［条款释义］

在雨、雪、大雾等天气情况下，空气中水分、潮湿气体、灰尘、废气等易通过母线活动节侵入到离相封闭母线内部，使得母线受潮，影响其绝缘性能。

［案例7-4］ 2013年1月，某电厂4号机组零序电压高，机组被迫停机检查，经检查发现是由于高压厂用变压器高压侧垂直封闭盆式绝缘子内结冰，C相尤为严重（受风向影响）。

［案例7-5］ 2019年1月，某电厂1号主变压器低压侧与离相封闭母线连接处B相有明显漏气声，原因为橡胶密封破裂导致漏气（见图7-2）。

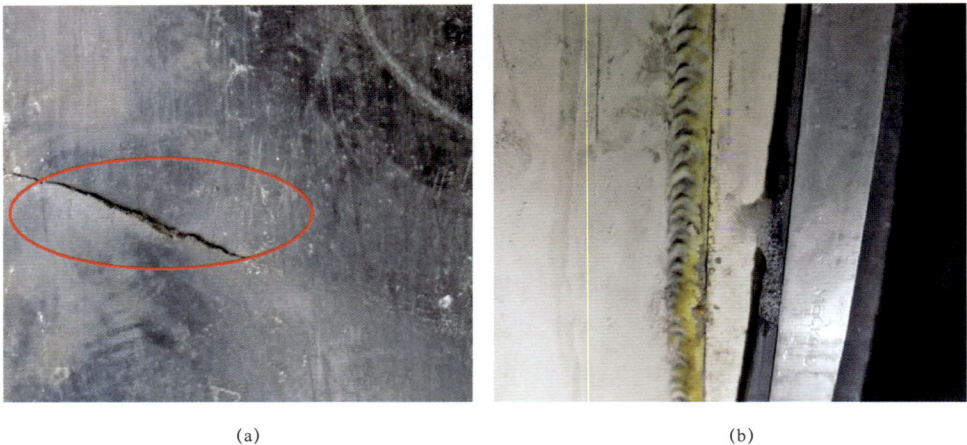

(a)　　　　　　　　　　　　　　　　(b)

图 7－2　1 号主变压器低压侧 B 相套管密封橡胶老化破裂

（a）密封橡胶老化破裂；（b）处理后气密性检查

条文 7.1.4 （基建阶段）**220kV 及以上电压等级变压器应进行驻厂监造，器身干燥后总装、出厂试验业主代表应到场见证；110（66）kV 电压等级的变压器应按照监造关键点的要求进行监造。**

［条款释义］

由于变压器在制造过程中手工操作量大，工艺控制复杂困难，分散性较大，为保证产品质量，有必要派专业人员按照监造大纲对大型变压器的制造过程进行监造，同时为使监造规范化、程序化，应对监造提出具体要求，并将监造报告作为设备原始资料存档。

220kV 及以上电压等级变压器必须进行驻厂监造和关键点验收，同时提高对 110（66）kV 变压器的重视程度。

条文 7.2　防止变压器绝缘损坏事故

条文 7.2.1 （设计阶段）**对于主变压器直接与 GIS 和高压电缆相连的，应计算特快速瞬态过电压（VFTO），并且变压器应有防止 VFTO 造成损坏的设计措施和方法，并提高变压器绕组绝缘考核水平。**

［条款释义］

VFTO 过电压指的是 GIS 隔离开关带电投切短母线时，在断口电压的作用下，隔离开关触头间会不断击穿燃弧，产生频率极高、波头极陡的过电压，在叠加工频电压后，形成一系列脉冲状操作过电压，即 VFTO 过电压。

［案例 7-6］　2000 年，某电厂在投产以后，曾出现操作带电侧隔离开关过程中存在特快速暂态过电压 VFTO 现象，该过电压引起地下 GIS 避雷器频繁动作且三相动作极不平衡，A 相动作最多，C 相最少，GIS 设备隔离开关操作机构均安装在 A 相上，只能采取减少母线侧隔离开关在母线带电情况下的操作，当不能避免时则先将主接线解环，然后再操作母线侧隔离开关的措施，最好在设计阶段就考虑防止 VFTO 的措施和方法。

条文 7.2.2 （设计阶段）抽水蓄能电厂主变压器高压线圈采用换位自粘导线，屈服强度 RP0.2≥180N/mm^2。

[条款释义]

运用自黏性换位导线，同时采用屈服强度高的导线绕制线圈，其抗短路机械能力更强；一般抽水蓄能主变压器的高压线圈都是布置在低压线圈的外侧，在发生短路时高压线圈产生向外侧方向的机械力，且线圈上下端部的机械力还存在横倒的力，换位导线相对于运用扁平线、复合导线有着更优秀的抗横倒的能力。另外，自黏性换位导线相较于一般换位导线是在换位导线的各素线表面涂上热固化性树脂，使之黏结成为一个整体的导线。在加热固化后，自黏性换位导线的抗弯曲能力大幅提升，同时，增加导线的屈服强度，能显著提升变压器的抗短路能力。

[案例 7-7] 2020 年 5 月，某 500kV 抽水蓄能电厂 2 号主变压器冲击合闸过程中发生爆炸，故障原因之一为变压器绕组饼间和匝间短路后，导线严重扭曲变形，变形部分的高压绕组向内挤压，损坏高低压绕组之间的主绝缘，最终故障发展为高压绕组对低压绕组放电，使主变压器低压侧避雷器损坏。

条文 7.2.3 （设计阶段）抽水蓄能电厂主变压器低压端部及其他受力较大部位应采用绑扎等方式进行加固，压钉或压块数量应适当增加，上铁轭与压板之间应填充高密度笁板或撑块。

[条款释义]

当变压器发生短路时，绕组中将流过很大的短路电流。在短路电流的作用下，一方面将产生巨大的电动力，致使变压器内部绕组发生变形，严重时可导致器身崩溃；另一方面，强大的短路电流会造成绕组过热而烧坏绝缘。因此，变压器抗短路能力就是对所产生的电动力和热能的承受能力，即变压器的动稳定性能和热稳定性能。

变压器线圈承受的短路电动力是由线圈周围的漏磁场，与线圈中电流相互作用所引起的，可分为辐向力和轴向力。辐向力使内线圈受到向内的压缩力，外线圈受到向外的扩张力。当这些力大于导线抗张应力时，线圈将变形，严重时甚至拉断导线；轴向力使内外线圈承受轴向压力，当内外线圈的安匝不平衡时，线圈所承受的轴向力将更为严重。

在受力较大部位采用绑扎等方式进行加固，以及压钉或压块数量的增加，上铁轭与压板之间填充高密度笁板或撑块等措施，使得变压器的整个器身组成一个刚性结构，有效增强了器身的强度，从而提高变压器的抗短路能力。

因此在变压器订货时要求厂家提供变压器承受抗短路能力计算报告等支撑材料，明确变压器受力较大部位的绑扎方式、压钉或压块数量、材料选择满足设计要求的抗短路能力。

条文 7.2.4 （设计阶段）抽水蓄能电厂主变压器采用热改性绝缘纸作为匝间绝缘。

[条款释义]

变压器运行中的热老化是影响变压器绝缘寿命的主要因素之一，而匝间绝缘的热老化将导致高电气故障危险率的增加。热改性纸是经过化学处理的纤维素纸，其分解率得以降低、减少了老化的影响，从而延长了绝缘纸的寿命，因此应采用热改性绝缘纸作为匝间绝缘。

条文 7.2.5 （设计阶段）制造厂应结合抽水蓄能电厂运行工况特点，对铁芯、线圈及其固定件等关键设备，进行抗疲劳冲击设计。

[条款释义]

抽水蓄能主变压器在迎峰发电时，水势能经发电机转换为电能后，再由抽水蓄能主变压顺进行升压后传输至电网，此时为升压变压器；而在蓄能时，将电网中的电能驱动发电机工作进行抽水蓄能，此时为降压变压器。针对抽水蓄能机组的工况转换频繁造成疲劳冲击，特别要求运行的稳定性，一般采取的措施有：制造过程中特别注意器身的紧固和安全可靠性；磁密设计时考虑变压器的过励磁耐受能力，并采用优质硅钢片；采用优质安全可靠的变压器附件，所选用的部件均能承受 IEC 标准规定的短时过载要求。

条文 7.2.6 （设计阶段）适当提高抽水蓄能电厂变压器高压线圈与低压线圈间距，500kV 主变压器高压线圈与低压线圈间距应≥100mm。

[条款释义]

抽水蓄能主变压器一般为双绕组变压器，变压器电气设计时通过对线圈周围电场强度的计算，来决定线圈间的绝缘结构。包括线圈主空道距离（即高压线圈与低压线圈间距）的设计，按照油纸绝缘的理论体系，一般采用绝缘纸板小油隙、围屏结构，以提高其绝缘耐压强度。而增加高压线圈与低压线圈之间的间隙，提高了主空道的绝缘裕度。

[案例 7-8]　2020 年 5 月，某抽水蓄能电厂 2 号 500kV 主变压器冲击合闸过程中发生爆炸，由于变压器设计时高、低压线圈之间的间隙裕度较低，绕组饼间和匝间短路后导线严重扭曲变形，变形部分的高压绕组向内挤压，损坏高低压绕组之间的主绝缘，高、低压侧线圈因绝缘距离不足导致高压侧电压窜入低压侧，扩大了事故范围。

条文 7.2.7 （设计阶段）抽水蓄能 500kV 变压器中性点直流电流耐受能力应不小于 12A。

[条款释义]

直流偏磁将对变压器的正常运行产生不利的影响，危害电力变压器和电力系统的安全运行。主要表现为：① 铁芯高度饱和引起噪声和振动增加，严重时会导致结构件的磨损和松动；② 铁芯高度饱和引起的漏磁通的增加，以及由此引发的如铁芯拉板等金属结构件局部过热、绝缘老化等；③ 励磁电流有效值、高次谐波成分增加，引起无功损耗和无功分量增加，从而使系统无功补偿装置过载，或者系统电压下降。

对于主变压器直流分量限值的提出主要是考虑直流偏磁引起的对金属结构件温升影响。由于直流偏磁产生的漏磁而引起的拉板温度上升是即时且迅速的，如果拉板温度过高，即使是短时内，也会引起与拉板接触的绝缘件加速裂解，并且可能导致气体的产生。因此为安全起见，变压器中性点直流电流耐受能力。

条文 7.2.8 （运行阶段）220kV 及以上主变压器轻瓦斯保护动作后，应综合检查在线油中气体监测装置中主要特征气体含量、主变压器局放在线监测数据等数据信息，若无法判定为误动，则应立即将变压器退出运行后再进一步处置。110kV 及以下主变压器轻瓦斯保护动作后应停电检查。

[条款释义]

变压器轻瓦斯动作的原因可能为变压器内部故障而产生少量气体、二次回路故障误发信号、冷却系统不严密导致空气入侵等，属于非正常状态。所以当 220kV 及以上主变压器轻瓦斯保护动作后，应利用变压器在线油中气体监测数据（轻瓦斯保护动作后数据）、局放在线监测数据、温度、保护信息、电压、电流等数据综合分析诊断，确认变压器各项指标正常后方可靠近变压器进行现场检查，确认气体继电器轻瓦斯保护动作原因之后再确定是否将变压器退出运行。110kV 及以下主变压器相对体积小、集气快，为安全起见，轻瓦斯保护动作后应停电检查。

[案例 7-9] 2019 年 11 月 22 日下午，某变电站监控后台报 3 号主变压器轻瓦斯动作，运维人员按规定到现场察看设备情况，在现场主变压器上检查瓦斯继电器等情况过程中 B 相本体着火最终造成 1 死 2 伤。

条文 7.3 防止变压器套管损坏事故

条文 7.3.1 （设计阶段）对于油/SF_6 环氧树脂浸纸干式套管，应要求套管出厂局放试验时间应不小于 1h，局放量应满足相关规范的要求。

[条款释义]

局部放电测量试验是确定绝缘系统结构可靠性的重要手段之一，由于固体绝缘在局放试验时间较短的情况下并不容易被发现绝缘损伤，所以适当延长局部放电试验时间是绝缘监督重要手段之一，也是判断用电设备长期安全运行的较好方法。大型变压器高压套管多为油/SF_6 环氧树脂浸纸干式套管。依据 GB/T 1094.3《电力变压器　第 3 部分：绝缘水平、绝缘试验和外绝缘空气间隙》7.2.1 表 1 的要求，对于 $U_m > 170kV$ 的变压器，应进行带有局部放电的感应电压试验（IVPD）。变压器现场安装结束后试验时，变压器连同套管一起将进行 1h 的局放试验。

条文 7.3.2 （设计阶段）低压侧套管采用与离相封闭母线连接的变压器，其低压套管优先采用垂直式。

[条款释义]

非垂直套管在变压器运行时间较久后，非固定端可能会存在小幅下垂；另外低压套管采用统一的安装方式可以标准化接口。

条文 7.4 防止冷却系统损坏事故

条文 7.4.1 （设计阶段）户外新建或扩建变压器一般不采用水冷方式。对特殊场合必须采用水冷却系统的，应采用双层铜管冷却系统，并配有渗漏报警装置。

[条款释义]

在双层铜管水冷却器出现之前，变压器使用单层管水冷却器。进行水冷却器的设计时，都会提高变压器油侧的压力，降低冷却水侧压力，使得油压大于水压，这主要是考虑到万一冷却管受到腐蚀渗漏时，由于压差作用冷却水不会进入到变压器侧。但是由于实际情况复杂，有时很难降低冷却水侧压力，无法保证油压大于水压。

而双层铜管水冷却器一旦冷却水泄漏，不会进入变压器油，而是通过两层管之间的空隙收集到渗漏检测器内，及时发布报警信号，提高变压器的安全性能。

条文 7.4.2 （设计阶段）水冷型主变压器在线监测装置应包含变压器绝缘油微水含量监测，不满足的应结合设备检修或技改对其进行改造。

[条款释义]

水冷器的冷却介质主体为水，存在水渗漏至变压器内部的可能。安装变压器绝缘油微水含量监测可实时监测变压器油中的水含量，及时避免事故发生。

条文 7.4.3 （运行阶段）水冷型主变压器停运超过 1 个月，投运前应检测绝缘油中含水量、击穿电压和绕组绝缘电阻等，确认无异常后再投运。若不满足应采取热油循环等措施处理合格后方可投运。

[条款释义]

同理条文 7.4.2，对于停运时间较长的变压器，测量电气设备的绝缘油中含水量、击穿电压和绕组绝缘电阻，是检查设备绝缘状态最简便和最基本的方法，能灵敏地反映绝缘情况，能有效地发现设备绝缘局部或整体受潮和脏污，以及绝缘击穿和严重过热老化等缺陷。采取热油循环是处理绝缘油受潮的有效措施。处理后需再次测量油中含水量、击穿电压及绝缘电阻等，测量值符合标准后再投运。

[案例 7-10] 2018 年 9 月，某 500kV 抽水蓄能电厂在进行主变压器排油检查后，对变压器绕组对地绝缘电阻进行测量时，发现绕组绝缘电阻明显下降，经检查发现主变压器底部残油未排尽，绝缘油受潮后绝缘降低，排尽残油后测量绕组绝缘电阻，绝缘电阻显著提升。

条文 7.5　防止分接开关损坏事故

条文 7.5.1 （设计阶段）主变压器宜选用无励磁调压变压器，主变压器调压范围的确定，应充分考虑机组的调压能力。

[条款释义]

无励磁调压和有载调压，都是变压器分接开关调压方式。有载调压是变压器可以实现不断电进行电压调节，无励磁调压必须停电后采用分接开关来调节。它们的区别是：无励磁调压开关不具备带负载转换挡位的能力，调挡时必须使变压器停电。而有载分接开关则可带负荷切换挡位。

目前国内水电厂主变压器接入的系统电网电压稳定，实际运行经验显示，分接开关调压使用频率低，选择无励磁调压变压器、并根据接入系统要求选择合适的调压级数，满足实际使用所需即可。无励磁调压变压器相较于有载调压变压器的线圈绝缘结构简单、价格低、性价比更高。

条文 **7.5.2** （运行阶段）选用有载分接开关的主变压器，其控制方式不宜设置为自动调节方式，同时尽量减少有载分接开关调节的次数。

[条款释义]

目前国内水电厂主变压器接入的系统电网电压稳定，并不需要频繁使用分接开关调节。采用自动调节方式可能会使分接开关频繁切换挡位，导致分接开关发生故障的概率增大。

8 防止调速器系统损坏事故

总体情况说明

调速器系统损坏主要表现为：调速系统压力异常、调速器主配压阀损坏、调速器测速装置损坏造成调速器系统损坏等。调速器系统损坏主要原因有：① 压力油罐液位计材质不符合要求、未冗余配置油泵和电源、压力油罐容积不够造成调速系统压力异常；② 主配压阀未设置油过滤器、调速系统投运时间过长造成调速器主配压阀损坏；③ 调速器测速装置无自诊断功能、测速探头安装不合理、不牢固，未定期开展校验工作造成调速器测速装置损坏。因此，为防止调速器系统损坏事故发生，应在设计阶段对压力油罐配置材质符合要求的液位计、冗余油泵和电源、足够的容积，对主配压阀配置油过滤器，测速装置应有自诊断功能；在基建阶段确保测速装置和测速探头安装位置合理、牢固；在运行阶段应定期校验测速装置、加强对投运时间超过 10 年调速系统的技术监督和更新改造。

本章重点针对防止调速器系统损坏事故反措条款，结合水电厂发展的新趋势、新特点和暴露出的新问题，分析代表性案例及原因，进一步详解了落实防止调速器系统损坏事故的具体措施。

本章节共分为三个部分，内容包括：防止调速系统压力异常事故、防止调速器主配压阀损坏事故、防止调速器测速装置损坏事故。

条 文 说 明

条文 8.1　防止调速系统压力异常事故

条文 8.1.1　（设计阶段）压力油罐油位计应采用钢质磁翻板液位计或由其他不易老化破裂的原材料生产的液位计，禁止采用塑料浮球、有机玻璃管型磁珠液位计。

[条款释义]

塑料浮球和有机玻璃管型等型式液位计易发生老化、破裂现象，而且可靠性较差。另外，油位浮子除了本身故障外还容易受到振动或电磁干扰等环境因素的影响。

[案例 8-1]　2007 年 12 月 05 日，某水电厂 2 号机组上位机报"14:05:45 2 号机组事故低油压动作""14:05:47 2 号机组事故停机流程动作"，机组事故停机。检查发现 2 号机组油压装置两台油泵工作正常，但压力油罐液位计破裂，压力油从液位计喷出造成事故低油压。经分析机组油压装置压力油罐采用的是有机玻璃管型液位计（见图 8-1），长时间运行后，有机玻璃管老化变色，管壁上出现不易发现的细小裂纹，玻璃管壁无法承受运行环境中的压力，导致爆裂发生。发现隐患后，该电厂将机组油压装置有机玻璃管型液位计更换为钢质磁翻板

液位计（见图 8-2）。

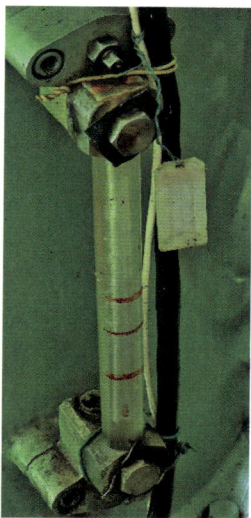

图 8-1　有机玻璃管型式的液位计

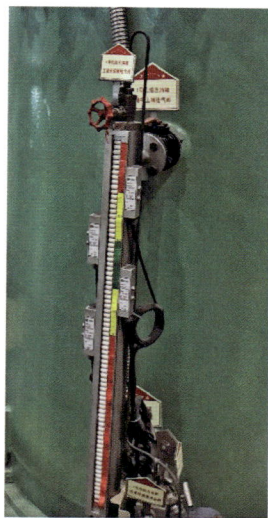

图 8-2　钢质磁翻板液位计

［案例 8-2］　2005 年 12 月 17 日，某水电厂 3 号机在运行状态下，出现调速器压力油罐低油位保护动作信号。现地检查压力油罐实际油位正常，判断该故障信号由油位浮子本身故障引起。该液位计为塑料浮球式液位计，检修人员拆除油位计检查发现浮子进油，导致油位浮子不能正常工作而误发出油位过低报警信息。

条文 8.1.2　（设计阶段）调速器操作压力油罐应配置双套独立互为备用的油泵和电源系统。

［条款释义］

油压装置应设置不少于两台的油泵，每台油泵的输油量足以补充漏油量。正常运行时两台油泵轮换工作，当油压低于工作油压下限的 4%～8% 时，备用油泵能自动启动工作。两台油泵工作电源应取用 400V 不同位置厂用电源，以保证调速器压油装置的可靠运行。两台油泵控制回路宜设置故障检测，且故障检测信号宜上传至监控。

［案例 8-3］　2008 年 5 月 27 日，某水电厂 2 号机组于 18:23 发电并网。18:39:42，2 号机组调速器事故低油压报警；18:39:43，2 号机组机械事故停机报警；18:40:00，2 号机组出口开关跳闸。检查发现 2 号机组调速器压油罐压力低于事故低油压报警值，油罐油位低于油位指示最下限，且 2 台油泵均没有启动。检查发现两台油泵的热继电器均动作，维护人员检查油泵电机温度及外观正常后，复归两台油泵的热继电器，两台油泵启动正常，调整压油罐压力及油位到正常值。通过该案例可以看出，调速器操作压力油罐除了应配置双套独立互为备用的油泵和电源系统外，油泵电机相应的监控以及电机保护器（保护开关）、热继电器等回路参数设定也应合理，以保证机组可靠运行。

条文 8.1.3　（设计阶段）调速系统油罐压力、容积应能在油泵失效情况下保证可靠地关闭导叶。

[条款释义]

紧急停机压力（事故停机的最小压力）的选择应使关机后压力不降到最低操作压力以下。在不启动油泵的情况下，自正常工作油压下限至最低操作压力之前，压力油罐/蓄能器可用油体积至少应满足：① 单调整反击式机组调节系统为导叶接力器容积的 3 倍；② 双调整反击式机组调节系统为导叶接力器容积的 3 倍再加轮叶接力器容积的 2 倍；③ 双调整冲击式机组调节系统为折相器接力器总容积的 3 倍再加喷针接力器总容积的 2 倍；④ 对于带调压阀控制的双调整系统为导叶接力器总容积的 3 倍再加调压阀接力器容积的 4 倍；⑤ 在用于孤网运行的情况下，应适当加大可用油体积。

条文 8.2　防止调速器主配压阀损坏事故

条文 8.2.1　（设计阶段）油过滤器前后应设有差压变送器，当差压超过报警值时发送报警信号。

[条款释义]

调速器的液压油在使用过程中会不可避免地受到颗粒物污染，如各种金属碎屑，灰尘、毛发等，为了避免颗粒物对主配压阀的先导阀及主配压阀本体造成损坏，液压回路在设计时常采用在主配压阀前端配置油过滤器的方法，对主配压阀用油进行过滤。随着使用过程中滤芯的脏污，滤芯对液压油的阻碍作用也会增强，造成过滤器前后压差增大，主配压阀、事故配、分段关闭等阀件由于得不到足够的油压，可能造成动作不到位、开关逻辑混乱、响应时间长等问题。油过滤器堵塞严重引起压差过大，可能造成滤芯或 O 型圈损坏，导致大颗粒物通过损坏的过滤器到达主配压阀，引起阀件、主配压阀等卡涩、损坏。为了防止过滤器滤芯堵塞、应在过滤器前后设置压差变送器或信号器，当滤芯脏污到一定程度时，过滤器前后的压差超过设定的报警阈值时，触发报警信号通知相关人员进行滤芯更换操作。在安装压差变送器或信号器时，应注意安装方向。

[案例 8-4]　2014 年 8 月 21 日上午，某水电厂在进行 3 号、4 号机双机甩负荷试验开机前检查时，发现 4 号机组主配压阀反馈 2 航空插头有轻微松动，对航空插头进行了紧固，为检查主配压阀反馈是否正常，将 4 号机组开机至空转态进行验证。8:35，上位机发"4 号机发电命令"开 4 号机至空转态；8:37，4 号机转速至 90%Ne；8:38，上位机发"4 号机调速器主配压阀拒动""调速器主配压阀定位故障"，机组执行紧急停机流程至停机稳态。综合分析各方面原因，判断主配压阀发卡原因为：调速器油颗粒度不达标或存在杂质，引起主配压阀瞬间发卡，活塞与衬套存在摩擦，导致活塞动作卡涩，引起主配压阀发卡。建议在后期技改项目中对液压回路进行改造，为主配压阀配置前置过滤器并配置压差报警设备，定期更换滤芯，可避免再次发生因固体颗粒物造成的主配压阀卡涩。

[案例 8-5]　2013 年 6 月 2 日，某电厂 2 号机组在运行中发生非计划停机。停机后对主配压阀解体检查（该调速器采用美国 GE 主配压阀），发现油中含有固体杂质导致阀芯与阀套卡涩，阀芯运动带动阀套振动，持续撞击固定阀套的限位螺栓，造成该螺栓疲劳断裂，阀套偏离原位置，致使导叶失控偏向一边，机组非停。主配阀芯、阀套及限位螺栓损坏情况（见

图 8-3～图 8-5）。造成主配压阀卡涩的原因为：油过滤器滤芯未及时更换，过滤器前后压差过大造成滤芯变形损坏，固体颗粒物穿过过滤器导致主配压阀芯卡涩。解决办法是确保压差发讯器正确动作、定期对报警值进行校准，定期更换滤芯。

图 8-3　主配压阀阀芯磨损情况检查

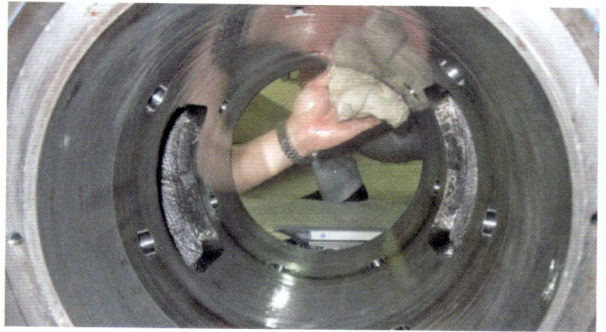

图 8-4　主配压阀阀套磨损情况检查

图 8-5　阀套限位螺栓断裂

条文 8.2.2　（运行阶段）对运行超过 10 年的调速系统，应加强技术监督工作并逐步安排更新改造。

[条款释义]

对于运行年限较久的调速系统，由于电子元器件老化、液压系统磨损等因素，会造成调速系统可靠性及调节性能下降，应加强对易老化、易磨损、易卡涩部件的技术监督工作。积极推广新技术、新材料、新设备等在调速系统中的应用，逐步安排设备的技术改造工作，提高设备的健康水平。

[案例 8-6]　2004 年 10 月 25 日，某电厂 1 号机组因调速器抽动严重，引起机组减负荷后停机消缺。该电厂调速器是 1994 年投运的微机型调速器（见图 8-6），经过多年运行，调速器电气控制系统调节性能下降，电子元件损坏严重，机械液压控制系统频繁抽动，控制模块故障引起停机消缺次数增多。为了提高设备可靠性，该电厂对全厂机组调速器系统进行改造，选用步进电机控制式调速器（见图 8-7），于 2006 年 7 月全部完成。

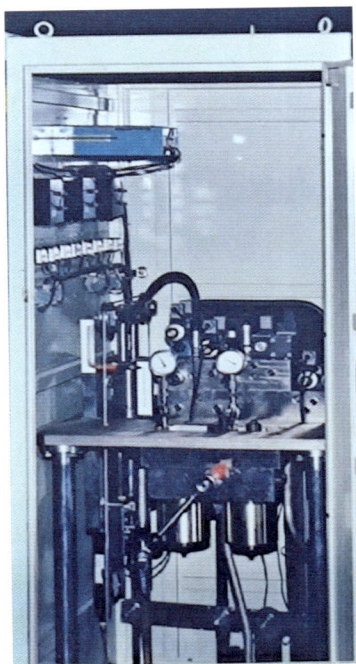

图8-6 改造前的伺服比例阀型调速器

图8-7 改造后的步进电机式调速器

条文8.3 防止调速器测速装置损坏事故

条文8.3.1 （设计阶段）测速装置出现故障时，调速器应具有完善的容错功能。测速装置软件应具备故障自诊断功能，全部装置故障时输出报警信号。

[条款释义]

电气转速信号装置应同时采用残压和齿盘两种测频方式冗余输入。故障容错控制采用三选二方式，即一组齿盘测频和两组残压测频数据，取两组接近数据的平均值作为机频。机组正常运行时，机组电压互感器信号源作为主测频；机组的电压互感器信号低于10V时，齿盘测频信号源作为主测频。主测频值经与备用测频值进行比较验证无误后，供调速器测频使用。当主测频回路故障或比较结果超出范围时，备用测频值供调速器测频使用。调速器在并网后，机频、网频互为容错，当机频故障时，自动取网频，否则取机频作为被调节量。

[案例8-7] 1999年7月4日，某水电厂4号机组发电方向动平衡试验，机组转速在450～500r/min之间波动，而此时地下厂房110V直流系统出现正母线接地现象，运行人员在110V直流系统配电盘上拉路查找直流接地点。当运行人员在110V直流配电盘上拉开4号机组直流供电开关时，4号机组因直流电源丢失而跳机，机组导叶、球阀正常关闭，在机组转速大约在495r/min时，自动投入发电机制动风闸制动，导致高速加闸，造成机组强烈的振动和制动风闸的严重损坏。该事故原因为当时地下厂房110V直流系统采用单路供电方式，当运行人员在没有与4号机组调试人员沟通的情况下，将110V直流系统直流配电盘上4号机110V直流供电电源开关拉开，导致4号机组由于电调柜直流控制电源失电而跳机。电调柜直

流失电后，测速装置无法保持失电前的测量值，同时在直流电源恢复后，测速装置的恢复存在一个从零转速逐渐上升至实际转速的过程，造成机组机械制动控制中转速小于5%额定转速条件的满足，而此时机组已跳机，导叶、球阀均已关，致使投入机械制动回路导通，高转速下误投机械制动风闸，造成发电机制动风闸的严重损坏。

[案例8-8]　2008年11月25日18:50，某水电厂4号机组在发电模式启动过程中，当转速上升至500r/min额定转速时无法并网，此时监控无转速丢失报警信息，现场调试人员发现在调速器机械柜上无转速显示，立即在调速器机械柜上手动操作紧急停机把手，机组转速下降至大约300r/min时自动投入机械刹车，发电机层有明显烧焦异味，随后运行人员监视机组停机至稳态后，对4号机组进行隔离。此次事故导致机组机械刹车18块闸瓦全部烧坏（见图8-8、图8-9）。调速器和转速信号器所使用的探头都应冗余配置，并设置合理的冗余判断逻辑，防止在单一探头出现故障时造成严重事故。

图8-8　高速加闸后损坏的闸瓦

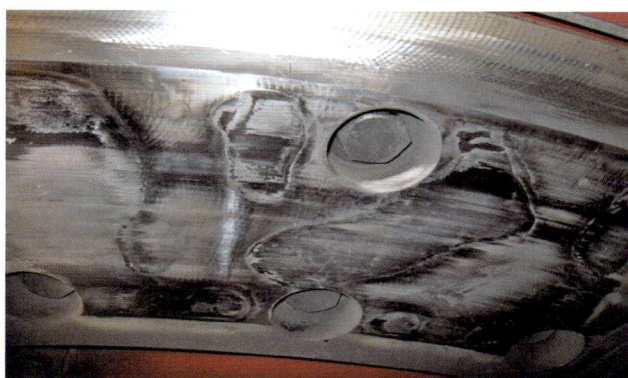

图8-9　高速加闸后损坏的制动环

条文8.3.2　（设计阶段）测速装置装设位置应合理，测速探头安装应牢靠。

[条款释义]

调速器齿盘测速由于其测量精度、运行稳定性与传感器的安装位置及方法有密切关系，因此装设位置应合理，测速探头安装应牢靠，测速探头的安装应采取锁固措施，如采用止动垫片、涂抹螺纹锁固胶等，防止机组运行时的振动造成测速探头松动影响测速效果。

［案例8-9］ 某抽水蓄能电厂于 2013 年全部投入商业运行，调速器齿盘测速探头最初设计固定在下机架上，机组运行产生的振动容易使探头松动，探头会误测机组转速，对机组的安全运行造成较大隐患。经过改造将调速器齿盘测速探头支架固定在三脚架上，然后将三脚架焊在机坑里衬内（见图8-10），支架振动明显减少，从而使探头测速更加准确，减少误发转速信号的可能性。

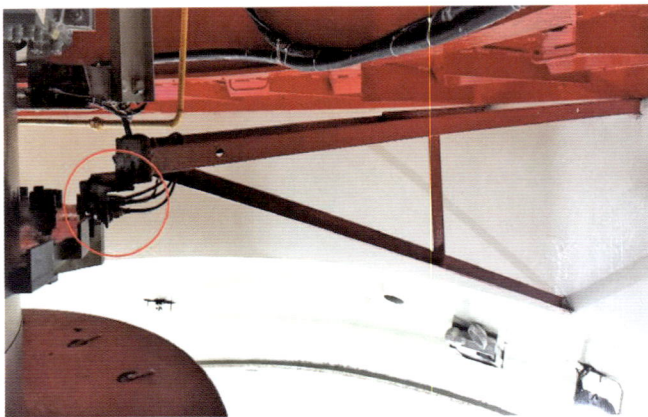

图8-10　调速器测速探头安装示意图

［案例8-10］ 某电厂在机组开机试验时，由于测速装置探头安装距离过近，导致探头感应区磨损（见图8-11）。

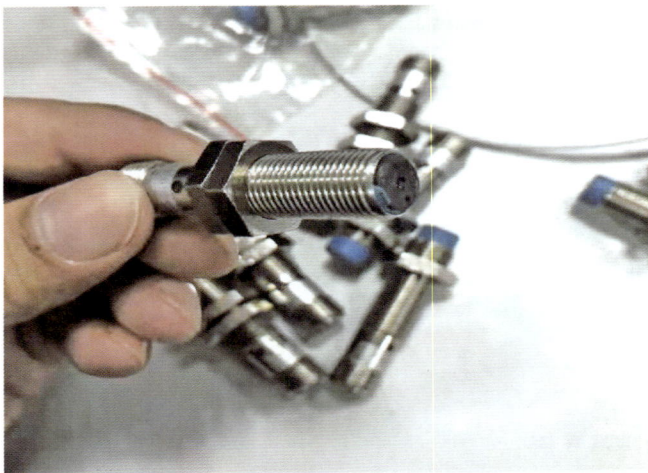

图8-11　调速器测速探头前端磨损严重

条文 8.3.3　（运行阶段）应定期检验测速装置，不得有跳变及突变现象。

［条款释义］

对测速装置的采样和线性度进行定期检验，对频率信号整型电路的各路频率输入通道，分别输入与实际电压互感器信号电压相当的频率信号（包括系统频率信号、发电机机端频率信号），以及反映机组大轴转速的齿盘探头脉冲信号，逐一改变频率信号源的发频值，记录频率测量值与输入值。误差及线性度应符合要求，齿盘和残压同时输入时，相关测点的冗余判断逻辑应符合电厂机组运行要求。

[案例8–11] 以 DZK–C 电脑齿盘测速测控仪为例（见图8–12～图8–14），展示测速装置的定期检验。

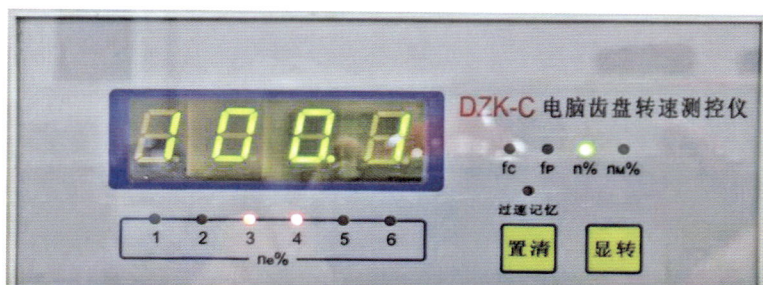

图 8–12 调速器转速测控装置示意图

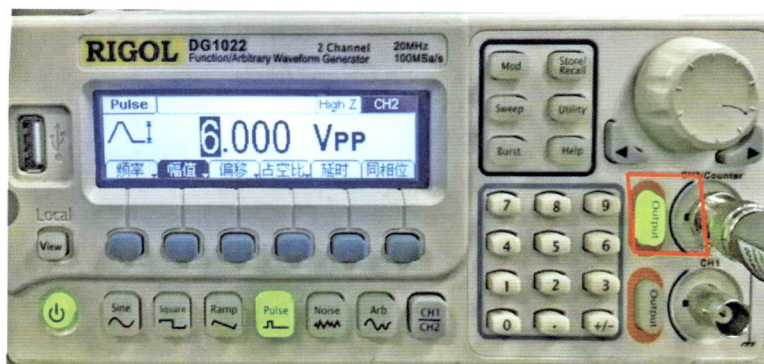

图 8–13 调速器转速测控装置齿盘测速功能调试示意图

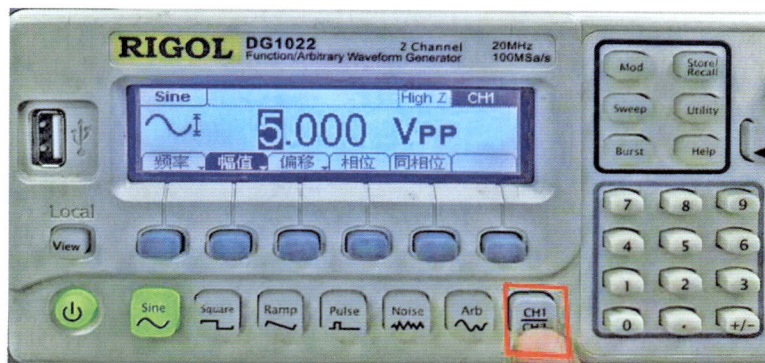

图 8–14 调速器转速测控装置残压测速功能调试示意图

条文 8.3.4 （运行阶段）应定期检查测速探头，防止安装松动、位置偏移或探头前置部位积尘。

[案例8–12] 2013 年 6 月 6 日 1:38，某水电厂用 3 号机拖 2 号机抽水工况运行，当流程进行到 3 号机开启导叶的瞬间，上位机检测到 3 号机转速有大约为 9%的波动信号，持续时

间约 3s，此时 3 号机与 2 号机实际均未开始转动，2 号机转速信号为 0，导致 2 号、3 号机转速相差过大，引起 2 号、3 号机事故停机。现场检查 3 号机齿盘测速 1 探头靠背螺栓松动，在开启导叶瞬间，油管路振动较大，探头发生偏移，造成测速反馈信号抖动，导致背靠背拖动失败。

9 防止主进水阀（闸）损坏事故

总体情况说明

主进水阀（闸）损坏主要表现为：轴枢损坏、操作机构损坏、密封损坏、压力钢管及其连接阀门管路损坏、控制系统失灵、水力激振导致损坏等。主进水阀（闸）损坏主要原因有：① 轴瓦设计及固定方式不合理、未设置防止泥沙进入的措施；② 高压软管超期使用；③ 球阀活门和下游密封动作顺序无闭锁导致密封损坏；④ 管路使用了不可靠的连接方式；⑤ 操作回路功能设计不正确，未充分验证；⑥ 设计时未考虑水力激振监视、判断、预防功能。因此为防止进水阀（闸）损坏事故的发生，应在设计阶段考虑轴瓦设计及固定方式，防止泥沙进入，明确接力器高压软管的使用寿命，对球阀活门和下游密封动作顺序进行闭锁设计，使用可靠的管路接头，进行完善的预防、监测水力激振功能设计；在基建阶段对操作回路功能进行模拟确认。

本章重点针对防止主进水阀（闸）损坏事故反措条款，结合水电厂发展的新趋势、新特点和暴露出的新问题，分析代表性案例及原因，进一步详解了落实防止主进水阀（闸）损坏事故的具体措施。

本章共分为六个部分，内容包括：防止主进水阀枢轴损坏事故、防止主进水阀（闸）操作机构损坏事故、防止主进水阀（闸）密封损坏事故、防止压力钢管及其直连接阀门和管路损坏事故、防止主进水阀控制系统失灵事故、防止主进水阀水力自激振事故。

条 文 说 明

条文 9.1 防止主进水阀枢轴损坏事故

条文 9.1.1 （设计阶段）主进水阀枢轴轴瓦设计应采用铜基镶嵌自润滑、双金属自润滑或其他在同等运行条件下能够长期可靠运行的整体式轴瓦。枢轴轴瓦与阀体之间应设有可靠固定方式确保不发生相对位移。在运电厂存在安全隐患的应按照上述要求进行改造。

[条款释义]

枢轴轴瓦应为双层或多层结构，内侧与枢轴的接触面应为自润滑材料，以减小两者相对运动时的摩擦力，且自润滑材料应具有较长的使用寿命。轴瓦外侧应为刚性材料，与阀体应为过盈配合或使用定位销及其他形式的可靠连接方式，设计时应计算枢轴与轴瓦可能产生的最大力矩，以校核过盈量产生的力矩、销钉可最大承载力矩等条件，确保枢轴轴瓦与阀体之间不发生相对位移。

[案例 9-1] 2011 年 8 月 14 日，某水电厂 2 号机球阀左侧枢轴轴承端盖与本体之间突

然出现大量渗漏水（见图 9-1），经检查球阀枢轴轴瓦与球阀本体发生位移，磨损了枢轴压盖密封导致大量漏水（见图 9-2）。故障原因为设计时未对球阀枢轴轴瓦和阀体之间摩擦力矩与枢轴和轴瓦之间摩擦力矩进行校核，且未在枢轴轴瓦与阀体之间设置可靠的固定方式，在实际运行中枢轴轴瓦和阀体之间摩擦力矩小于枢轴转动时和轴瓦的摩擦力矩，导致枢轴轴瓦与阀体出现相对位移。

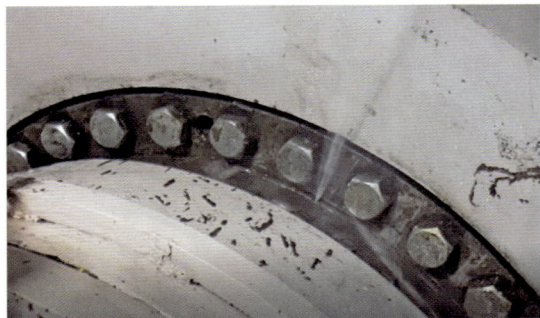

图 9-1　枢轴轴承端盖与本体之间出现漏水　　图 9-2　枢轴与轴瓦的摩擦痕迹

条文 9.1.2　（设计阶段）主进水阀枢轴轴瓦内侧应设有防止泥沙进入轴瓦内的措施。

[条款释义]

主进水阀枢轴轴瓦材质为表面光滑的具有自润滑性能的材料，应设计防止泥沙进入轴瓦的措施，以延长枢轴轴瓦的使用寿命，如在轴套内侧设计阻泥环及平压排水孔等措施。

条文 9.2　防止主进水阀（闸）操作机构损坏事故

条文 9.2.1　（基建阶段）制造厂应明确主进水阀接力器高压软管设计使用寿命。

[条款释义]

高压软管多为橡胶材质，受空气、光线、油脂等影响会逐步老化，力学性能逐步下降，存在爆管漏油引起进水阀误动拒动风险。不定期检查和及时更换可有效防范此类风险。

条文 9.3　防止主进水阀（闸）密封损坏事故

条文 9.3.1　（设计阶段）球阀活门和下游密封动作顺序应设计有闭锁功能，宜采取液压回路和控制逻辑双重闭锁。

[条款释义]

若不具备闭锁功能，当球阀活门在下游密封投入后动作时，会造成密封的严重损坏。

[案例 9-2]　2022 年 6 月 21 日，某水电厂 4 号机球阀工作密封、检修密封控制液动阀更换完毕后进行了分步调试，分别对工作密封、检修密封进行投、退操作，功能正常。确认球阀开启条件满足后，手动开启球阀，在球阀开启至 16° 左右，球阀的工作密封、检修密封突然投入，随即球阀关闭至 9° 左右后停止。经检查，工作密封、检修密封 $+X$、$-X$ 方向研

伤长度约300mm，宽度20～30mm。经查发现用于球阀全关位置闭锁行程的换向阀出厂标识错误，导致切换密封投退的实际油路接反，失去闭锁功能，造成密封误投入严重损坏（见图9-3和图9-4）。

图9-3 工作密封损伤局部放大图   图9-4 检修密封损伤局部放大图

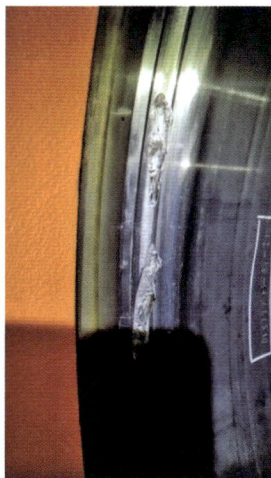

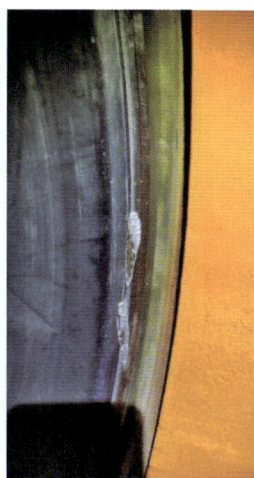

条文9.4 防止压力钢管及其直连接阀门和管路损坏事故

条文9.4.1 （设计阶段）主进水阀附属管路不应使用卡套式接头。

［案例9-3］ 2007年5月28日，某水电厂6号机组完成检修后，进行球阀动作试验，在第二次手动关闭球阀时，工作密封异常投入。该球阀工作密封在球阀全开后，球阀接力器下腔（开启腔）通过双向逆止阀供油至工作密封退出引导阀，使其保持开启；在球阀关闭后，球阀接力器下腔失压，工作密封引导阀的油压泄除，该引导阀在水压的作用下切换，使其自动投入。试验过程中，因球阀接力器至工作密封的闭锁压力油管接头脱开漏油，工作密封引导阀失去油压，导致该阀在水压的作用下产生切换，使工作密封异常投入。事故原因为日常对主进水阀操作油管路检查维护不到位，未能及时发现油管路接头松动的隐患。

条文9.5 防止主进水阀控制系统失灵事故

条文9.5.1 （基建阶段）应对主进水阀自动操作回路进行模拟试验，验证其动作的正确性、可靠性和准确性。

条文9.6 防止主进水阀水力自激振事故

［名词释义］

【水力自激振】因为水力系统本身不稳定，任何引入该系统的压力或流量的微小扰动导致随时间变化而不断增强的振动，即水力自激振动。现象为球阀前压力钢管水压值周期性波动,最大水压可到静态水压的两倍,破坏性及危险性极大;球阀有异常声音;球阀本体及管路有明显晃动。

条文 9.6.1 (设计阶段)球阀上游压力钢管延伸段应设置压力变送器,其信号水源取自压力钢管测压总管,测压总管与球阀上游压力钢管延伸段同一断面的各测点相连通。

[条款释义]

测压总管与同一断面的各测点相连通,可防止部分测点堵塞后不能测压,以保证测压判据的可靠性。

条文 9.6.2 (设计阶段)球阀工作密封投、退腔供水(油)回路应设置压力变送器。

[条款释义]

设置压力变送器,有利于观察和监测密封投、退腔压力变化,为判断是否出现水力自激振动提供更为直观的依据。

条文 9.6.3 (设计阶段)球阀本体应设置沿水流方向的位移传感器;工作密封和检修密封应分别设置至少三个位置开关。

[条款释义]

沿水流方向设置位移传感器可实时监视球阀本体位移;设置至少三个位置开关,可更准确地判断球阀工作密封和检修密封的投退状态。

条文 9.6.4 (设计阶段)球阀工作密封投退腔压力、差压、工作密封位置、压力钢管压力及球阀本体位移监测等所有信号应接入监控系统。

条文 9.6.5 (设计阶段)球阀应设置水力自激振动报警判据,用于启动防水力自激振动自动处置流程。

条文 9.6.6 (设计阶段)压力钢管、球阀设备设计选型时,强度应满足机组发生水力自激振动情况下的安全裕度。

条文 9.6.7 (设计阶段)压力钢管和球阀所用的压力监测元件、附属管路、隔离阀门均应使用不锈钢材质,隔离阀门应采用球阀或针阀。

条文 9.6.8 (设计阶段)压力钢管和球阀附属管路、阀门、接头的适用压力应不低于压力钢管设计压力的 **120%**。

条文 9.6.9 (设计阶段)球阀工作密封和检修密封的操作水源应设置备用水源,备用水源应取自不同输水系统的压力钢管,水源间应设置隔离阀门和止回阀。对于单个压力输水管道的电厂,球阀工作密封和检修密封供水系统宜设置保压装置。

[案例 9-4] 2019 年 3 月 21 日,某水电厂 2 号机定检,1 号机发电转停机,在 1 号机球阀全关后 3min,1 号机压力钢管压力急剧上升,并发出"1 号机组水力自激振报警、2 号机组水力自激振报警"。现场检查发现 1 号、2 号球阀上游侧压力表计剧烈摆动,2 号机球阀工作密封处存在异响,并有较大的漏水声(见图 9-5~图 9-8)。造成水力自激振动的原因为:2 号机组球阀工作密封投入腔密封磨损,定检时隔离 2 号机球阀工作密封投入腔水源,工作

密封投入腔残余压力水泄漏，导致工作密封无法保压，当 1 号机停机时压力钢管产生小幅压力波动，引起 2 号机球阀工作密封处压力及漏水波动，进而导致水力自激振发生。

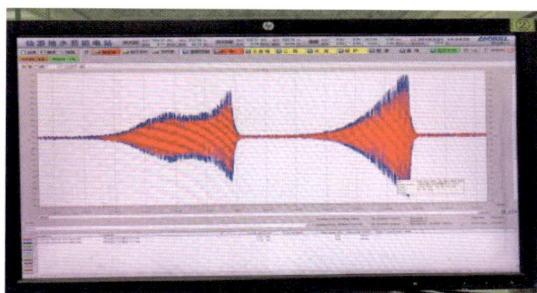

图 9-5　自激振时的压力变化情况

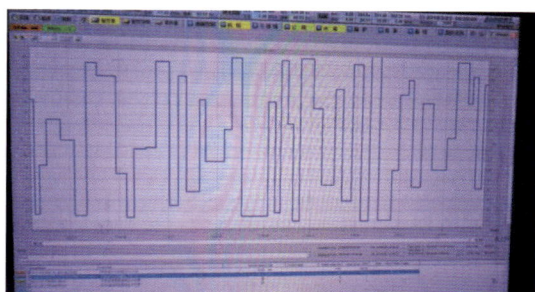

图 9-6　压力波动周期（约 1s）

图 9-7　2 号机球阀底板网下游侧方向位移（约 1mm）

图 9-8　引水支管与混凝土墙壁微小裂痕

条文 9.6.10　（设计阶段）应有保证在球阀工作密封投退腔串压情况下投入腔压力始终大于退出腔压力的措施，如优化投入退出腔面积比。

条文 9.6.11　（设计阶段）球阀工作密封、检修密封各活动接触面宜设置双重密封，提高密封能力。投退腔供水孔数量应不少于 3 个，且均匀布置，保证密封投退均匀。

［条款释义］

球阀工作密封、检修密封各活动接触面设置双重密封，可增强投退腔之间的密封性能，减少投退腔串压的概率。密封投退腔供水孔数量不少于 3 个且均匀布置，可保证密封环各处受力均匀，投退过程中不易发卡，提高密封的动作可靠性。

条文 9.6.12　（设计阶段）球阀设计时宜设置工作密封投、退腔密封渗漏的检查口或者密封腔排水管相对独立，且检查口或排水管位置应便于球阀运行阶段定期检查和分析球阀密封渗漏情况。

条文 9.6.13　（运行阶段）对防止水力自激振动相关测量装置、自动处置流程等应每年检查试验。

条文 9.6.14　（运行阶段）进行球阀工作密封操作水源管路排污、过滤器切换和清洗等可能造成工作密封投入腔压力降低的工作，应采取投入检修密封等有效措施，防止发生水力自激振动。

[案例9-5] 某水电厂1号机组段检修，需进入蜗壳内部工作，所做安全措施为球阀关闭并投入球阀检修密封及工作密封、尾闸落下。检修人员在蜗壳内作业时突然发现球阀下游侧有水喷出，遂立即撤出蜗壳。事件发生原因为检修人员对球阀工作密封投入水过滤器进行了切换，但切换后的过滤器滤芯存在堵塞问题，导致球阀工作密封投入水压力不足，工作密封退出，从而造成球阀阀芯内的存水从工作密封处喷出。由于检修密封已投入，本次事件未造成严重后果。

10 防止承压设备损坏事故

总体情况说明

承压设备损坏事故主要表现为：压力容器超压运行、在用容器爆破、压力管道与临时管道爆破、承压装置破裂等。其主要原因有：① 运行操作规程不完善，人员未能持证上岗；② 未与设计单位沟通，随意维修或改造，未定期检验，没有得到及时修理；③ 长期未进行定期检验；④ 承压装置未考虑使用条件、各种工况和极端情况等。因此，为防止承压设备损坏事故，应在承压设备的各个环节，如：设计、制造、使用和检验等加强监管。

本章重点针对防止承压设备事故反措条款，结合水电厂发展的新趋势、新特点和暴露出的新问题，分析代表性案例及原因，进一步详解了落实防止承压设备损坏事故的具体措施。

本章共分为四个部分，内容包括：防止压力容器超压运行事故，防止在用压力容器爆破，防止压力管道、临时管道爆破，防止承压装置破裂事故。

条文说明

条文 10.1 防止压力容器超压运行事故

条文 10.1.1 压力容器的使用单位应当建立压力容器的安全管理制度，办理使用登记并建立技术档案，负责全过程管理。

条文 10.1.2 压力容器的使用单位应根据设备特点和运行条件，制定和完善压力容器运行操作规程，防止压力容器超压运行。

[条款释义]

上述两条文均为《固定式压力容器安全技术监察规程》（TSG R004）的要求，它明确了设备的责任主体和要求，要求使用单位建立相关的制度、档案和运行操作规程，为压力容器安全提供了技术管理上的保障。从多起发生的压力容器事故可见，出现事故的使用单位多存在运行操作规程不完善，人员未能持证上岗等问题。

[案例 10-1] 2001 年 10 月 26 日 13:30，河北省某饲料厂用压力容器（蒸罐）蒸鸡毛做饲料。第一罐蒸完后，第二罐装料开始供气，压力升到 0.24MPa（后了解该罐设计承压 0.1MPa），14:56 蒸罐发生爆炸，共造成 3 人死亡，直接经济损失约 15 万元。事故原因为：该厂对压力容器无定期检验，无操作规程，设备操作人仅根据自己的经验判断进行操作。

[案例 10-2] 2019 年 7 月 19 日 17:45，位于河南省三门峡市义马市境内的河南省煤气

（集团）有限责任公司义马气化厂 c 套空分装置发生爆炸着火事故（见图 10-1），共造成 15 人死亡 256 人受伤入院。本次爆炸原因是压力容器安全泄放失控导致超压，温度提高，液体变成气体，液氧液氮变成气体后膨胀，压力过高易发生爆炸。

图 10-1　河南省义马气化厂爆炸着火事故

条文 10.1.3　在运压力容器及其安全附件（安全阀、爆破片、排污阀、监视表计、联锁、自动装置等）禁止带缺陷运行。对于设有自动调整和保护装置的压力容器，保护装置退出须经本单位生产（技术）负责人批准，在保护装置退出后应加强监视，限期恢复。

　　[条款释义]
　　压力容器的安全附件是防止压力容器超压运行、保持压力容器压力正常的装置，根据设计要求，装设安全泄放装置如安全阀、爆破片装置，其排放能力需大于或等于压力容器安全泄放量，以保证在其最大进气工况下不超压。因此严禁带缺陷运行，如需将其退运，必须经过相关的手续，并在保护装置退出后加强监视，限期恢复。

　　[案例 10-3]　位于重庆市江北区的某化工总厂发生氯气泄漏事件，凌晨发生局部爆炸（见图 10-2），造成 9 人失踪死亡，3 人受伤。事情发生主要原因是氯罐及相关设备陈旧，处置时发生爆炸的原因是工作人员违规操作。

图 10−2　重庆市江北区的某化工总厂发生氯气泄漏局部爆炸

条文 10.2　防止在用压力容器爆破

条文 10.2.1　应认真分析压力容器使用过程中可能发生的超压工况，翔实提出设计条件，设计合理的安全排放装置；对于无法计算安全泄放量的，设计单位应会同业主单位（设计委托方）协商选用超压泄放装置。

［条款释义］

在设计中为防止压力容器发生超压工况，需考虑所有与失效模式对应的载荷形式，根据使用工况、选材、安全性和经济性合理确定设计寿命。设计条件为压力容器的选材要求、防腐蚀要求、表面处理、特殊试验、安装运输要求等。明确设计安全排放装置的文件内容、强度计算书、应力分析报告。当无法计算安全泄放量，应根据运行工况要求、影响安全系数的因素选择适合的超压泄放量装置，超压泄放装置的动作压力原则上不高于设计压力，设计需做好压力容器设计过程的管控。

［案例 10−4］　2004 年 5 月 12 日 12:31，甘肃省某公司发生一起浸出槽（压力容器）爆炸重大事故，造成 1 人死亡，1 人受伤，直接经济损失 455.5 万元，间接经济损失 1800.8 万元。事故原因是在 1 号浸出槽的精矿粉中的硫化锌、硫化铁释放硫化氢气体，遇到容器衬里聚四氟乙烯的静电产生火花发生爆炸。

［案例 10−5］　2004 年 8 月 19 日 18:30 的时候，位于广西南宁市的某保健品公司，一台正在作业中的杀菌锅炉突然发生爆炸（见图 10−3），造成 4 人死亡。事故原因是该公司所在片区发生停电，杀菌锅的电子测温仪表已经完全无法显示了，但是该公司的老板仍然坚持进行生产作业，且未设计合理的安全排放装置。

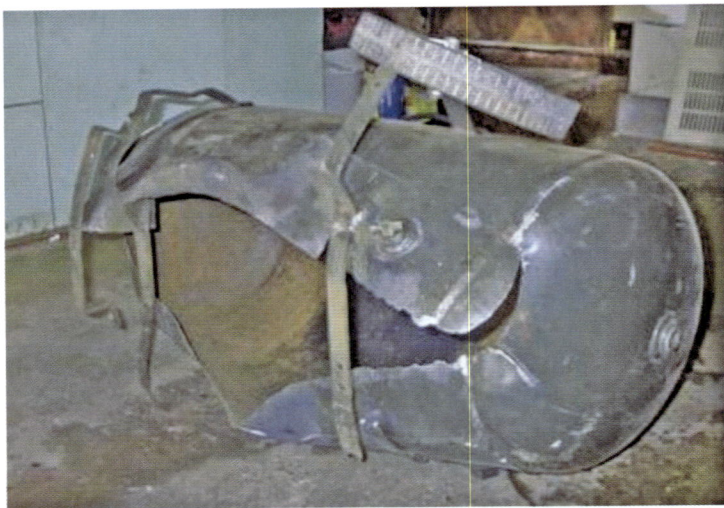

图 10-3　广西南宁市的某保健品公司杀菌锅炉发生爆炸

条文 10.2.2　压力容器附属法兰、进人孔等存在安装不便等问题时，应同设计单位沟通解决，禁止随意维修或改造。

[案例 10-6]　2013 年，某水电厂的压力容器在充气后发生进人门漏气，经检查为个别螺栓松脱。由于及时发现，所幸未造成人员和设备事故。经分析原因，是制造单位发现压力容器上的螺栓孔与进人门上的螺栓孔存在少许偏差，擅自将压力容器上的螺栓孔用螺丝封堵，在此基础上重新钻孔攻丝、使得螺栓的基础不牢固，导致承压后螺栓松脱。

[案例 10-7]　2000 年 3 月 27 日上午，昆明市某磷肥厂氮气球罐因检修需要，在降压放空排气时，其顶部的放空管与人孔盖封头的连接处突然断裂（见图 10-4），所幸无人身亡。事故的主要原因是由于检修时，放空管阀门短时间内一次性开启过大，致使放空管与人孔盖连接处承载过大，导致管壁上的平均应力超过了管材的屈服极限和强度极限，因而造成连接处（管壁上）的塑性断裂破坏。因此，管子的断裂是与短时间内阀门开启过大和结构设计不合理有关。

图 10-4　昆明市某磷肥厂氮气球罐放空管断裂

条文 10.2.3　安全附件应按设计或相关技术规定选型、安装和校验（检定），设置相关的标签、铅封和标识，并保证安全附件在有效检定周期内，安全附件不合格压力容器禁止投入运行。

［案例 10-8］　2013 年 9 月，某水电厂 0 号机组压油槽安全阀发生起跳后不回座的故障，分析认为安全阀属于低劣质产品，事后对所有机组压油槽安全阀开展检查与定期校验工作，确保压力容器安全阀动作准确、可靠。

［案例 10-9］　1986 年 7 月 1 日，重庆市璧山县（现为璧山区）造纸厂蒸球爆炸，死亡 1 人，伤 3 人，厂房和操作台均损坏。事故原因是蒸球釜强度不够，由于蒸球从未检验过，蒸球盖在严重磨损的情况下，厚度仅有 2mm，在球内强大压力下引起球盖边缘卷曲 360° 而破裂，未定期检验，不能得到及时修理。

条文 10.3　防止压力管道、临时管道爆破

条文 10.3.1　监造单位及业主单位相关人员及质量监检人员应编制监检大纲，大纲中应明确制造厂应提供的技术资料、图纸、标准和试验记录，明确检验依据，明确文件见证和现场抽检项目，并依据大纲进行现场监检。

［条款释义］

制造设备质量监检前，监造单位及业主单位相关人员应根据设备订货技术协议、合同规定及设备情况，编制监检大纲，明确文件见证和现场抽检项目。文件见证要求制造厂提供制造过程中产品质量检验的有关技术资料，必要时可查阅原始记录和复验。技术资料包括：产品设计单位的设计资格证、产品制造厂的制造许可证、主要承压部件和焊接材料确认、焊接试板的工艺评定报告、筒体纵环焊缝的射线或超声波探伤报告、几何尺寸及外观检查报告、热处理状态报告。

条文 10.3.2　基建中临时增加的管道、试验堵头等承压部件，应按照厂家设计要求进行制作和安装，应与永久性管道工艺相同，满足相应规程要求。

［案例 10-10］　2007 年 9 月贵州某在建水电厂发生一起供气管道破裂事故，造成 2 人受伤。破裂的供气管道为临时施工用气，运行压力 1MPa。经事故调查，发生事故的原因为：该厂对临时设施管理不善，临时管道未按照厂家设计要求进行制作和安装导致焊接质量不良发生事故。

条文 10.3.3　压力管道应根据设备状况、使用年限，结合机组检修，按照有关要求进行检验。

［条款释义］

安全状况等级为 1 级和 2 级的在用工业管道，其检验周期一般不超过 6 年，安全状况等级为 3 级的在用工业管道，其检验周期一般不超过 3 年。

［案例 10-11］　1986 年 2 月 22 日 5:09，常德市桃源县某乡一造纸蒸球在运行中爆炸（见

图 10-5）。爆炸时蒸球内气压为 0.7MPa，爆炸所产生的冲击波使整个厂房毁坏，绝大部分机器设备遭到严重的破坏，其中蒸球的基础钢筋水泥墩（重约 2.5t）飞出 22m 远。这次事故死亡 3 人，重伤 1 人，轻伤 4 人，直接经济损失 19 万元，间接经济损失 30 万元。长期未进行定期检验，腐蚀严重导致蒸球强度不足，是爆炸的主要原因。

图 10-5　常德市桃源县造纸厂蒸球爆炸

条文 10.3.4　压力容器定期检验时，应对与压力容器相连的管系进行检查，并重点检查支吊架状态。

[条款释义]

管系支架是压力管道的重要组成部分，其安装工艺应满足设计要求，如果支撑不好，会造成管系悬空，管路的质量包括运行时介质的冲击力都会对接头处包括压力容器的接头处产生严重的影响。

[案例 10-12]　2014 年某水电厂在对压力容器进行全面检查时，发现进气管管座开裂，经分析原因为进气管的支吊架失效，造成管座根部应力过大，导致开裂。

条文 10.3.5　投入运行的压力管道、临时管道应严格按照设计工况运行，严禁超压运行，且应有可靠的防止超压措施。

[条款释义]

水电厂机组投入运行的压力管道、临时管道应严格按照设计工况运行，安装安全泄放装置，防止管道系统发生超压事故，其控制仪表或事故连接装置不能代替安全泄放装置。

[案例 10-13]　1984 年 1 月 1 日，辽宁省大连石油七厂发生分气装置爆炸事故（见图 10-6）。事故造成 5 人死亡，18 人重伤，62 人轻伤，直接经济损失 252.37 万元。爆炸当时，地震台测得 2 次震级为 1.2 级及 0.8 级的爆炸震动。经调查认为，脱丙烯塔与重沸器之间连通管上的焊缝由于低周疲劳而断裂，使丙烷大量排出并急剧汽化，在同空气混合达到爆炸浓度后，接触到 162m 远处的加热炉明火，从而引起爆炸。

图10-6 辽宁省大连石油七厂发生分气装置爆炸事故

条文10.3.6 高压软管应定期进行检查，根据设计使用寿命更换。

[条款释义]

高压软管为管道的重要承压元件，其有一定的设计使用寿命，从高压软管出厂开始计算，DIN相关标准为6年，ISO相关标准为10年。

条文10.4 防止承压装置破裂事故

条文10.4.1 应认真分析承压装置使用条件、各种工况和极端情况，充分考虑使用过程中可能发生的故障或问题，提出翔实的设计条件。

[条款释义]

承压设备装置如压力容器、压力管道、安全附件，装置附件包括阀门、压力调节器、压力表、液位计等，承压件包括：阀体、阀盖、阀杆、垫片、螺栓；水电厂在极端情况下，承压装置和部件会产生腐蚀、磨损、裂纹等缺陷，给机组运行带来设备故障和隐患，在承压装置设计中应给出设备材料、运行工况、环境的技术条件和相关使用说明，满足设备现场设计和后续机组安全经济运行条件。

[案例10-14] 2007年5月4日0:02，阜阳市昊源化工集团有限公司液氨球罐区，向2号液氨球罐输送液氨的进口管道中安全阀装置的下部截止阀发生破裂，管道内液氨向外泄漏，造成33人因呼入氨气出现中毒和不适，住院治疗和观察。事故发生后，该公司进行紧急处置，用9.5min时间，制止了泄漏。事故的直接原因是截止阀存在原始缺陷，在应力作用下，加之材料没有韧性，裂纹扩展，在达到临界尺寸时，裂纹贯穿，液氨泄漏，由于液氨汽化吸收热量，造成截止阀温度降低，导致阀体在低温下发生低应力脆性断裂，液氨大量泄漏。

条文10.4.2 所有承压装置制造、安装和调试应符合设计要求，需进行型式试验、监检和检定的部件均应按相关标准执行。

[条款释义]

压力容器出厂制造单位应提供竣工图样、产品合格证、特种设备制造监督检验证书。压力容器的制造、安装和调试应经过国家质检总局核准的型式试验机构进行型式试验，并且取得型式试验证明文件。承压部件检验按照相关标准验收，保证承压装置制造符合相关标准要求。

[案例10-15]　2004年10月16日20:40，广东省东莞市某纸业有限公司发生一起压力管道爆炸严重事故，造成2人死亡，2人重伤，直接经济损失0.6万元。经调查，该产品合格证是伪造的，该条蒸汽管道在安装前，安装单位未得到当地特种设备安全监督管理部门办理安装告知手续，安装开始直至试运行，也未经核准的检验检测机构进行监督检验。

[案例10-16]　2020年6月，温岭罐车发生爆炸事故（见图10-7），事故共造成20人死亡。事故的主要原因是压力容器的生产没有着严格的流程，包括所进材料的化验及检测、焊接工艺的指定、焊接的实际操作、焊缝的消除应力、焊缝的探伤及检测等。另外压力容器的使用过程中要积极地配合进行定期检查。

图10-7　温岭罐车发生爆炸事故

11 防止金属结构损坏事故

总体情况说明

金属结构损坏主要表现为：设备金属零部件发生腐蚀、磨损、断裂等。金属结构损坏主要原因有：① 操作人员认识不足、思想情绪不稳定造成的误操作；② 维护保养、检验检修不到位导致的机况差；③ 缺乏机械或电气安全装置；④ 材质不合格、存在裂纹缺陷等制造质量不良。因此，为防止金属结构损坏事故发生，应在设计阶段精确计算负荷、减少应力集中、充分考虑强度裕度，在基建阶段加强设备制造质量监督、安全装置检验，在运行阶段严格落实定期检验，加强人员安全管理和技术培训。

本章重点针对防止金属结构损坏事故反措条款，结合水电厂发展的新趋势、新特点和暴露出的新问题，分析代表性案例及原因，进一步详解了落实防止金属结构损坏事故的具体措施。

本章共分为两个部分，内容包括：防止起重设备损坏事故、防止闸门损坏事故。

条 文 说 明

条文 11.1   防止起重设备损坏事故

条文 11.1.1 （基建阶段）设备供应商应当提供安全技术规范要求的设计文件、产品质量合格证明、安装及维护保养说明、制造监督检验证明、整机和安全保护装置的型式试验合格证明、特种设备制造许可证等相关技术资料和文件。

[条款释义]

《中华人民共和国特种设备安全法》第十八条规定：国家按照分类监督管理的原则对特种设备生产实行许可制度。第十九条规定：特种设备生产单位应当保证特种设备生产符合安全技术规范及相关标准的要求，对其生产的特种设备的安全性能负责。不得生产不符合安全性能要求和能效指标以及国家明令淘汰的特种设备。第二十一条规定：特种设备出厂时，应当随附安全技术规范要求的设计文件、产品质量合格证明、安装及使用维护保养说明、监督检验证明等相关技术资料和文件，并在特种设备显著位置设置产品铭牌、安全警示标志及其说明。未取得相应产品生产许可证或者安全认可证的单位不许制造相应产品，主要目的是确保起重机械设备的合格，防止不合格的起重机械设备进入施工现场，引发事故。

[案例 11-1] 2003 年 3 月 9 日，某水电厂发生一起桥机事故，造成 1 人死亡，1 人重伤，1 人轻伤，直接经济损失 217.7 万余元，间接经济损失 1600 万元。事故时桥机正在将转

轮从转轮翻身平台提高到 2m,然后走车到 1 号机坑上方,调整好中心位置,开始将转轮下放,转轮下落 3m 时,桥机突然失控,指挥人员立即发出停止命令,桥机司机紧急制动无效,桥机上的副制动器制动轮与制动瓦冒出浓烟,发出爆裂声,制动轮、制动瓦等零部件被炸碎崩出,钢丝绳被拉断,转轮下降 10m,碎片击中 3 名工作人员。分析事故原因:① 桥机减速器的深沟球轴承失效,使离合器在工作中自行分离脱档;② 桥机设计中存在制动器制动力比合同偏小的问题,技术相对落后;③ 钢丝绳长度未能满足安全要求。

[案例 11-2] 2007 年 4 月某钢厂发生钢水包整体脱落事故,起重机械在吊运 60t 钢水包过程中倾覆,钢水涌向一个工作间,造成正在开班前会的 32 人死亡,6 人重伤,直接经济损失 866.2 万元(见图 11-1)。分析事故原因:生产该起重机械厂家不具备生产 80t 通用桥式起重机的资质,超许可范围生产。

图 11-1 钢水包整体脱落

条文 11.1.2 (运行阶段)起重设备需由特种设备检验机构按照安全技术规范要求进行检验,未经定期检验或者检验不合格的禁止继续使用。

[条款释义]

起重设备的定期检验十分必要,可以及时发现存在的缺陷并及时消除隐患,确保起重设备各项指标符合安全技术规范要求,保障其安全稳定运行。

[案例 11-3] 2009 年 9 月,某高速公路第 17 合同段泾川县泾明乡山底下材高架桥工地上一台架桥机发生倾覆,造成 5 人死亡(见图 11-2)。分析事故原因:① 在实施 T 桥梁起吊时,4 个吊点仅有 1 个单吊点连续启动,其他吊点没有同时启动,导致重心失去平衡发生倾翻、坠落;② 该施工单位 2009 年 5 月开始安装使用架桥机,直到事故发生,一直未履行告知和检验验收手续,该设备未经安装验收,未注册就投入使用;③ 架桥机操作人员未经培训,无特种设备操作证。

图 11-2　架桥机倾覆现场

［案例 11-4］　2012 年 5 月某管业公司发生单梁起重机吊物坠落事故，吊运混凝土料斗过程中起重机电动葫芦发生故障失灵，导致料斗倾斜下滑撞损操作平台护栏，一名作业人员受到撞击后坠落地面死亡。分析事故原因：① 该起重机的电动葫芦导线器和断火开关损坏，起升高度限位功能失效，导致日常使用中吊钩多次冲顶撞击电动葫芦壳体，加速了原本存有的制造缺陷的减速箱上原始裂纹的延伸并开裂，引起减速箱损坏，造成电动葫芦失去动力传输和制动能力后，吊钩在料斗重力下快速下滑发生事故；② 该减速箱箱体制造和销售单位未严格按照《产品质量法》规定严格执行出货、进货的检查验收，使用单位未对设备进行日常检查和维护。

条文 11.2　防止闸门损坏事故

条文 11.2.1　（设计阶段）尾水闸门采用高压闸阀式闸门且布置在尾水支管出口与尾水调压室交汇处的闸门井（槽）中时，还应在靠近闸门的机组侧流道顶部和闸门的腰箱顶部分别设置自然通气孔或自动排、吸气装置。

［条款释义］
设置自然通气孔或自动排、吸气装置的主要作用是：① 将管道内有毒有害气体排放出去，以满足卫生要求；② 向管道内补给空气，减少气压波动幅度，防止水封破坏；③ 通过补充新鲜空气，减轻金属管道的腐蚀，延长使用寿命；④ 设置通气管可提高排水系统的排水能力；⑤ 为了减小水击压力，并改善机组的运行条件。

条文 11.2.2　（设计阶段）静水操作的工作闸门应设置平压检测装置和防误操作闭锁措施。

［条款释义］
静水操作的工作闸门一定要先进行充水平压，否则会大幅恶化闸门工作状况，增加额外应力，致使闸门部件损坏。

［案例 11-5］　20 世纪 80 年代某水电厂在开启放空底孔进行检修时，闸门拉杆被拉断，后经深水潜水作业，将失落库底闸门打捞上来进行大修。分析事故原因：未先充水平压，当

门后洞内无水、作用水头 40m 时强行启门所致。

[案例 11-6] 1990 年 8 月，某水电厂进水口链轮平板检修门开启操作时，门叶损坏，水封多处撕裂。分析事故原因：① 违背静水启门设计操作，未先充水平压，在门后无水时直接启门；② 由于气浪和水浪的强烈作用，闸门急速上升，钢丝绳从滑轮中跳出，闸门又急速下坠。

条文 11.2.3 （设计阶段）船闸、升船机下沉式闸门、运输（竹木）道上下游两端闸门应设关门机械锁锭装置。

[条款释义]

闸门应设置关门机械锁锭装置并保证其工作可靠，以便防止突发状况下可能导致的闸门损坏。

[案例 11-7] 1984 年 4 月 5 日上午 12:00，某电厂 100t 门机突遇狂风，狂风以 31.2m/s 的风速向门机刮来，将偌大的门机吹走 20 余米且车速逐渐加快，压碎"铁鞋"，门架的两条支腿由台车上坠落至地面，行车驱动机构被甩出数米之远，其两条支腿及其运行机构亦被扭转变形，部分走轮脱轨掉道。分析事故原因：机械锁锭装置损坏缺失，未及时检查发现并修理，导致突发状况时无法起到防护作用。

条文 11.2.4 （设计阶段）在前后压差不大于设计允许值时，拦污栅栅体和栅槽在水推力、栅体及渣物重量作用下不应发生结构变形。

[条款释义]

在栅前后由于水位差形成的水荷载，一般按 2~4m 水头考虑。拦污栅的栅面尺寸取决于过栅流量和允许过栅流速。为减少水头损失和便于清污，一般要求过栅流速不大于 1.0m/s。

条文 11.2.5 （设计阶段）船闸浮式系船柱、固定系船柱强度、刚度设计应能满足船舶系舶最大拉力，且不发生金属结构永久变形和破坏事故。

[条款释义]

船闸浮式系船柱、固定系船柱的强度、刚度设计应考虑到各种工况，尤其是在极端情况下也要满足服役需求，留有一定的裕度，确保其不发生变形或断裂。

条文 11.2.6 （设计阶段）双吊点或多吊点同步运行液压启闭机的液压缸，应设同步装置和保护装置，当双吊点或多吊点同步运行的液压缸不同步超值时，应有切机功能。

[条款释义]

当双吊点或多吊点同步运行的液压缸不同步超值，会造成钢闸门的卡阻、侧水封的磨损、钢闸门漏水以及门槽轨道的变形等缺陷，影响启闭机的正常工作，甚至引起灾难性的事故。因此，应配有切机功能。

[案例 11-8] 某水库安装有 11 孔弧形钢闸门，尺寸 15m×15.5m，由双吊点液压启闭机操作，一门一机配置，1998 年投入使用。闸门启闭过程中存在卡滞情况，改造成 PLC 液压闭环控制系统后问题得到解决。分析事故原因：① 设计由一个电磁换向阀控制闸门启闭，同

时控制两侧油缸油路，油压保护只设置一种电气保护；② 两侧的管路相差 4 倍，两侧的止水摩擦阻力及安装存在误差。

条文 11.2.7 （运行阶段）应定期对闸门的吊耳、承重部件及重要焊缝进行无损检测检查，及时消除主梁结构或吊耳变形、母材或焊缝开裂、支铰或顶底枢损坏等重大安全隐患。

［条款释义］

闸门投入运行后 5 年应进行首次检测，首次检测后闸门应每隔 6～10 年进行一次定期检测。对闸门的吊耳、承重部件及重要焊缝等部位进行磁粉探伤和超声探伤，确保能够及时发现缺陷并处理，消除变形或断裂等重大安全隐患。

［案例 11－9］ 某水电厂闸门于 1966 年建成，1979 年 3 月份检修启闭机时，当门空载提升到高程 3.2m 高程时，闸门发出较大声响。当即停机检查发现左支臂断裂，缝宽约 6cm，断口处约 2/3 为旧痕。分析事故原因：未进行及时的定期检验，导致支臂等重要部件的裂纹等缺陷未及时发现并处理，留下了重大安全隐患。

条文 11.2.8 （运行阶段）船闸、升船机下沉式闸门、运输（竹木）道上下游两端闸门的关门机械锁锭装置未投入，闸门禁止进行充水操作。

［条款释义］

船闸、升船机下沉式闸门、运输（竹木）道上下游两端闸门的关门机械锁锭装置是为了保护闸门开启后不会掉落，如未投入便进行充水操作起提闸门，存在闸门掉落的风险。

条文 11.2.9 （运行阶段）液压启闭机各项保护功能（如超欠压保护、限位保护、同步缸异步保护、防撞保护等）应能全部正常投入，大修时应试验所有保护，运行中禁止随意修改整定参数。

［条款释义］

液压启闭机的各项保护功能都是为了在发生非正常工况时能够紧急停止相关动作，保护设备和人员安全。因此必须确保所有保护功能均能正常投入，检修时应进行试验检验，不能随意修改整定参数。

条文 11.2.10 （运行阶段）应定期对液压启闭机机架、液压缸吊头等承重部件进行无损检测，及时消除机架结构或吊头变形、母材或焊缝开裂等重大安全隐患。

［条款释义］

液压启闭机投入运行后 5 年应进行首次检测，首次检测后液压启闭机应每隔 6～10 年进行一次定期检测。对液压启闭机的重要金属结构如机架、液压缸吊头等进行磁粉探伤和超声探伤，发现缺陷应及时进行处理，保障液压启闭机可靠运行。

12 防止开关站设备损坏事故

总体情况说明

开关站设备损坏主要表现为：断路器、隔离开关、互感器、高压电缆、接地网、门型架构损坏等。开关站设备损坏主要原因有：① 设备设计不合理、不规范带来的设备损坏风险；② 设备安装时防护措施不合格，安装工艺不满足规范要求；③ 运维检修过程存在缺项漏项或执行不到位。因此，为防止开关站设备损坏事故发生，应在设计阶段规避常见风险，在基建、运行阶段加强人员巡查及作业规范性，防止造成设备损坏。

本章重点针对防止开关站设备损坏事故反措条款，结合水电厂发展的新趋势、新特点和暴露出的新问题，分析代表性案例及原因，进一步详解了落实防止开关站设备损坏事故的具体措施。

本章共分为七个部分，内容包括：防止 GIS 损坏事故、防止断路器损坏事故、防止隔离开关损坏事故、防止互感器损坏事故、防止高压电缆损坏事故、防止接地网和过电压事故、防止门型架事故。

条 文 说 明

条文 12.1 防止 GIS 损坏事故

条文 12.1.1 （设计阶段）水电厂 GIS 设备 SF_6 密度继电器与开关设备本体之间的连接方式应满足不拆卸即可校验密度继电器的要求。

[条款释义]

对 GIS 设备 SF_6 气体密度继电器应定期校验，以防止密度继电器动作值不准或偏离造成设备误报警或不报警。在 GIS 设备订货时，应要求密度继电器连接设计应满足不拆卸校验的要求，这样就可以避免拆卸造成的密封不严、气体泄漏等问题的发生。

条文 12.1.2 （设计阶段）抽水蓄能电厂 220kV 及以上 GIS 应采用户内安装方式。

[条款释义]

2021 年国网设备部统计分析了近十年（2010～2020 年）330kV 组合电器故障情况，发现户外布置的 GIS 设备故障率比较高。目前 GIS 产品的技术门槛逐渐降低，国内不少厂家通过购买设计图纸、外委加工等方式生产 GIS 产品，将国外本是户内 GIS 的产品设计直接搬至户外，对防水防腐蚀等考虑不周。在长期户外运行下，机构箱门、进线孔、传动连杆、连接螺栓、呼吸孔等易进水部位防水措施不到位，导致机构箱进水、电流互感器进水、腐蚀等缺陷，隐患不断暴露。抽水蓄能电厂开关站基本位于山区，受山体塌方落石威胁较大。

[案例 12-1] 某 220kV 变电站发生一起线路隔离开关带负荷分闸的事故，该 GIS 安装于户外。分析故障原因：操作机构箱密封不严，经长期运行后内部积水引发了二次分闸回路动作。

[案例 12-2] 2014 年 12 月，某 500kV 变电站发现部分 GIS 电流互感器二次回路绝缘降低，绕组严重受潮。该电流互感器结构类似于 ABB 公司的早期户内 GIS 电流互感器结构。分析故障原因：其上部存在一个呼吸孔，当上部呼吸孔密封工艺不佳或在雨雪等老化因素作用下密封不严（见图 12-1），雨水将从上呼吸孔密封不严处流入，使电流互感器内部进水受潮。

(a)   (b)

图 12-1 某变电站 550kV GIS 电流互感器进水受潮
（a）呼吸孔密封损坏；（b）550kV GIS 电流互感器

[案例 12-3] 2021 年 2 月 20 日，某电厂 GIS 接地开关气室压力异常降低，存在持续漏气现象。分析故障原因：GIS 受冬季户外气候影响热胀冷缩使接地绝缘子法兰出现非贯穿性裂纹（见图 12-2、图 12-3），密封胶圈受压不均，继而出现漏气。接地绝缘子进行更换后恢复。

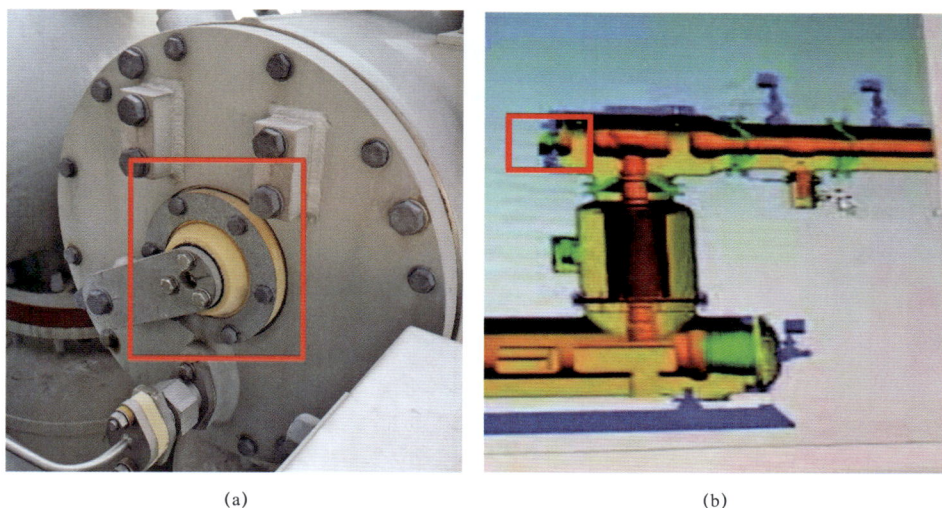

(a)   (b)

图 12-2 GIS 接地开关气室漏气位置
（a）缺陷部件"接地绝缘子"；（b）缺陷部件位置示意

(a)   (b)

图 12-3　GIS 接地刀闸气室漏气位置拆解检查

（a）接地绝缘子密封胶圈检查；（b）接地绝缘子法兰外表面出现非贯穿性细纹

条文 12.1.3　（设计阶段）GIS 设备断路器、隔离开关应满足频繁操作要求，无需检修的机械操作次数应不小于 **10000** 次。

[案例 12-4]　2022 年 3 月 1 日，某电厂 3 号机组发电停机过程中由于出口开关故障导致停机失败。分析故障原因：操作机构内部操作连杆断裂（见图 12-4），出口开关无法实现分、合闸。更换操作机构，调整出口开关分、合闸时间及速度，进行出口开关特性试验，测量出口开关动态电阻及主回路电阻，测试结果合格。

连杆断裂位置

图 12-4　操作机构活塞杆断裂位置

[案例 12-5]　2022 年 3 月 4 日，某电厂 3 号机组发电调试过程中由于 90% 定子接地保护动作导致开机失败。分析故障原因：① 出口开关 B 相开关灭弧室有 2 个脱落的引弧触指位于动静触头间的绝缘子上（见图 12-5），导致断口间绝缘距离变小，产生感应电压；② 主变压器低压侧 B 相至发电机中性点形成电气回路，导致发电机定子 90% 接地保护动作。更换开关灭弧室，各项试验数据正常。

图 12-5　B 相灭弧室内有一组引弧触指已脱离固定位置

条文 12.1.4 （基建阶段）GIS 现场安装过程中，应采取有效的防尘措施，如移动防尘帐篷等，GIS 的孔、盖等打开时，应使用防尘罩进行封盖。安装现场环境太差、尘土较多或相邻部分正在进行土建施工等情况下应停止安装。

［案例 12-6］　某变电站 500kV 罐式断路器发生内部绝缘故障，设备解体时发现内部有不少飞虫尸体。分析故障原因：① 该断路器为夏季安装，安装人员在傍晚进行罐体内工作时，使用的照明灯光吸引周围飞虫进入罐体内部；② 飞虫未清理干净导致内部放电。

［案例 12-7］　内蒙古某单位在罐式断路器解体检修时发现内部有较多的黄沙，分析故障原因：安装时未采取有效防尘措施所致。

［案例 12-8］　2013 年 12 月，某水电厂 220kV 开关站 GIS 母线差动保护动作，解体检查发现故障气室内有少许类似铝异物（见图 12-6），分析故障原因：安装时现场清洁度控制不够所致。

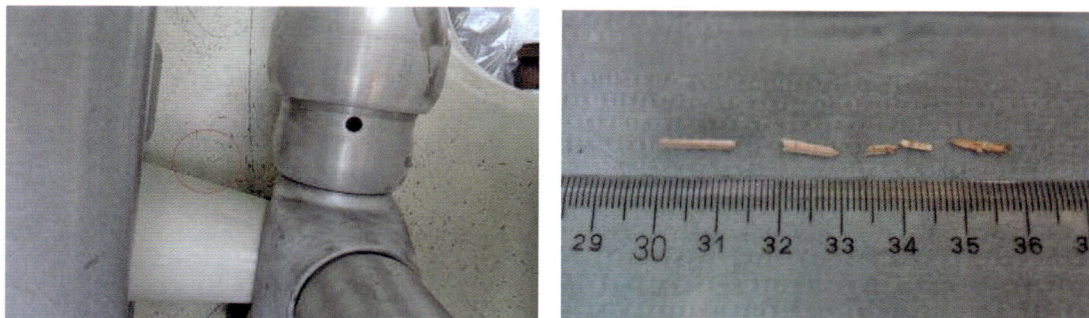

图 12-6　疑似铝屑的金属颗粒尺寸

［案例 12-9］　2014 年 9 月，某变电站做交接耐压试验时 GIS 的隔离开关动触头侧盆式绝缘子凹面共出现 8 次沿面闪络（见图 12-7），调试试验时相同位置又出现 3 次沿面闪络故障。分析故障原因：盆式绝缘子表面存在微小异物所致。

图 12-7 某变电站 550kV GIS 盆式绝缘子（动触头侧）沿面闪络

条文 12.1.5 （运行阶段）密度继电器所用的温度传感器应与断路器本体处于同样温度环境。现场无条件校验密度继电器的须结合 SF$_6$ 湿度试验定期测量 SF$_6$ 压力。

条文 12.1.6 （运行阶段）GIS 设备大修时，应检查断路器液压机构分、合闸阀的阀针是否松动或变形，防止由于阀针松动或变形造成断路器拒动。

［案例 12-10］ 2012 年 11 月，某电厂利用 500kV 断路器 5054 开关对 4 号主变压器充电时，B 相无法合闸，开关三相不一致保护动作。分析故障原因：① 该断路器分闸线圈顶杆在分闸过程中没有完全分到位；② 开关在合闸过程中，合闸高压油部分通过分闸油回路到分闸腔，使分闸腔中有油压，造成开关合闸不到位。

条文 12.2 防止断路器损坏事故

条文 12.2.1 （设计阶段）高压开关设备操作箱内的加热器和电动机电源应能独立控制。

条文 12.2.2 （设计阶段）断路器断口外绝缘应满足不小于 1.15 倍相对地外绝缘爬电距离的要求，否则应采取防污闪措施。

［条款释义］
断路器（特别是并网断路器）在合闸过程中，断路器两端间电压有可能达 2 倍系统相电压，在积污严重情况下，断路器外绝缘易发生闪络，引起故障。

［案例 12-11］ 2011 年 4 月 1 日晚华北地区普降大雪，4 月 2 日上午某厂一台 550kV 断路器在机组同期并网时断口外绝缘发生雪闪，电弧持续 2s 以上导致一侧断口瓷套管炸裂。

条文 12.2.3 （基建阶段）断路器缓冲器应调整适当，防止由于缓冲器失效造成拐臂和传动机构损坏。禁止在缓冲器无油状态下进行快速操作。安装、检修后应测量缓冲行程。低温地区使用的油缓冲器应采用适合低温环境条件的缓冲油。

条文 12.2.4 （基建阶段）开关设备基础不应出现塌陷或变位，支架应牢固可靠，并不得采用悬臂梁结构。调整开关设备时应尽可能采用慢分、慢合检查有无卡涩，各种弹簧和缓冲装置应调整和使用在其允许的拉伸或压缩限度内，并定期检查有无变形或损坏。

[案例12-12] 某变电站1号主变压器110kV开关在遥控合闸时无法执行，且报控制回路断线。经现场检查发现，手动合闸吃力且合闸顶杆不易顶入，合闸线圈已烧毁，分闸回路及机械部分无故障。现场对合闸机构传动部件进行润滑处理，更换合闸线圈，经多次手动分合操作及遥控操作无问题。分析故障原因：开关机构箱内机械部分卡涩导致合闸线圈烧毁，控制回路断线。

条文12.2.5 （运行阶段）断路器在开断故障电流后，应对其进行巡视检查。

[条款释义]

故障电流通常会大于断路器的额定电流，断路器在开断故障电流过程中可能产生大电弧及过电压而对断路器造成损伤，因此在断路器开断故障电流后应对其外观、压力、储能情况等进行检查。

条文12.2.6 （运行阶段）断路器发生拒分时，应立即采取措施将其停用，待查明拒动原因并消除缺陷后方可投运。

[条款释义]

此处的断路器拒分指的是电动及手动操作都无法分闸，应采取措施将断路器各侧断电后再行处理。

条文12.2.7 （运行阶段）根据可能出现的系统最大运行方式，每年定期核算断路器设备安装地点的短路电流。如断路器的额定短路开断电流不能满足要求，应进行改造。

条文12.2.8 （运行阶段）每三年对铜铝过渡接头进行无损检测。水电厂进入高负荷季节前、大规模泄洪或遭受大风舞动后，应加强铜铝过渡接头的测温及巡视检查。

[案例12-13] 2020年7月19日，某电厂泄洪时产生的气流引起导线剧烈晃动并致使3号主变压器C相高压套管引出线接线板断裂（见图12-8），断裂后的高压引线下坠撞击主变压器冷却器管路导致单相接地，引起主变压器差动保护动作。分析故障原因：该接头为铜铝过渡接头，在强风作用下对接处断裂。

图12-8 断裂的接线板

条文 12.3　防止隔离开关损坏事故

条文 12.3.1 （设计阶段）抽水蓄能电厂 GIS 设备各断路器与隔离开关、接地开关之间应设置完善的电气闭锁，闭锁节点不应使用重动继电器扩展。接地开关应另行配置机械位置锁，且设备运行期间闭锁功能不应向远方操作或程序操作开放。

［条款释义］

机械闭锁与电气闭锁装置是防止误分、合开关设备最重要的技术手段，可靠的闭锁功能将大大降低误操作的可能，这两方面任一不满足，都有可能造成误操作事故。

条文 12.3.2 （设计阶段）同一间隔内的多台隔离开关的电机电源，在端子箱内应分别设置独立的开断设备。

条文 12.4　防止互感器损坏事故

条文 12.4.1 （运行阶段）在运行方式安排和倒闸操作中应尽量避免用带断口电容的断路器投切带有电磁式电压互感器的空母线。

［条款释义］

由于带断口电容的断路器在切断带电磁式电压互感器的空载母线时，可能发生铁磁谐振，产生过电压，且持续时间较长，对设备绝缘会造成破坏。因此，在运行方式上应避免此种方式的发生，另外一旦发生此种情况，就应尽快通过调整运行方式来破坏谐振状态。如果此种方式经常发生，应将电磁式电压互感器更换为电容式电压互感器。

条文 12.4.2 （运行阶段）为避免油纸电容型电流互感器底部事故时扩大影响范围，应将接母差保护的二次绕组设在一次母线的 L1 侧。

［条款释义］

为了在电流互感器故障时能保证继电保护及时切除故障，以防止电流互感器故障扩大影响范围。

条文 12.5　防止高压电缆损坏事故

条文 12.5.1 （设计阶段）抽水蓄能电厂 220kV 及以上电压等级的高压电缆应蛇形敷设，每相电缆应预留不少于两次制作中间接头的裕量。

［条款释义］

电缆运行中出现击穿故障后，如果剩余电缆长度裕量不够制作接头，则必须重新敷设新电缆影响恢复时间和经济成本。因此为方便以后运行过程中的故障抢修，220kV 及以上的电缆应根据电缆的通道实际情况在靠近端部位置预留制作接头的电缆长度。

条文 12.5.2 （基建阶段）抽水蓄能电厂 220kV 及以上电压等级的高压电缆不应在 0℃以下环境下、或特别潮湿的环境中进行敷设及电缆附件的装配。

[条款释义]

　　水害对于电力电缆的安全稳定运行影响很大。针对固体绝缘电缆，一旦水分进入电缆绝缘表面或导体表面，都会使绝缘在比产生电树低得多的电场强度下引发水树，并逐步向绝缘内部延伸，导致绝缘加速老化，直至击穿。施工过程，如果环境湿度很大，易造成电缆及附件受潮或进水，进而导致事故的发生。另外在低温环境中，电缆橡胶绝缘层会变脆，敷设时容易产生损伤。

　　[案例 12-14]　2020 年 12 月，某变电站在户外温度低于零下 15℃时进行制作电缆头施工作业。当电缆投入运行 7 天后，该电缆头放电击穿，造成短路接地故障。

　　条文 12.5.3　（基建阶段）抽水蓄能电厂 220kV 及以上电压等级的高压电缆供货至电厂后，应尽早进行安装，若暂不具备条件，应注意存储在干燥的室内，环境温度不低于 0℃，不高于 40℃，室内相对湿度不宜超过 70%。

条文 12.6　防止接地网和过电压事故

　　条文 12.6.1　（设计阶段）对于 110kV 及以上出线场站、新建或改造的水下接地网，接地装置应采用铜质、铜覆钢（铜层厚度不小于 0.8mm）或者其他具有防腐性能材质的接地网。对于室内开关站应采用铜质、铜覆钢材料的接地网。

　　[条款释义]

　　本条文所要求对象界定为新建、改建出线场站，对已运行水电厂不要求。

　　对新建、改建出线场站接地网材质选择，应采用铜质、铜覆钢或者其他具有防腐性能材质的接地网。虽然铜材料价格较贵，但是综合考虑到铜质材料的耐腐蚀性较钢质材料好，热稳定系数远大于钢质材料，且使用寿命长，因此对于 110kV 及以上重要水电厂出线场站在钢质材料腐蚀严重时，应采用铜质材料接地网。

　　由于室内变电站及地下变电站的接地网难以进行接地网改造，所以要求室内变电站及地下变电站应采用铜质材料的接地网。

　　条文 12.6.2　（设计阶段）在土壤电阻率较高地段的杆塔，可采用增加垂直接地体、加长接地带、改变接地形式、换土或采用接地模块等措施。

　　条文 12.6.3　（基建阶段）开关站控制室、继保室应独立敷设与主接地网紧密连接的二次等电位接地网，在系统发生近区故障和雷击事故时，以降低二次设备间电位差，减少对二次回路的干扰。

　　[条款释义]

　　二次等电位是指将多个二次设备及相关线缆间进行等电势联结后，达到的等电位效果。水电厂二次系统等电位接地网的应用是为了更好地保障水电厂二次设备运行的稳定性，防止因为雷击或接地事故的发生造成接地点和二次设备之间的电压差过大，而对二次设备造成损坏。室内等电位接地网和主接地网应当只设置一个连接点，一个连接点可以防止主接地网电位差进入到二次设备中导致二次设备发生故障。

条文 **12.6.4** （设计阶段）新建或改造 110kV 及以上敞开式出线场站应选用电容式电压互感器。

[条款释义]

为避免断路器断口电容及系统对地电容与母线电磁式电压互感器产生铁磁谐振过电压，应采用电容式电压互感器。

条文 **12.7　防止门型架事故**

条文 **12.7.1** （设计阶段）对于开关站门型架构的安全性，设计中应充分考虑安装地区的地质条件、抗震性、布局合理性。

条文 **12.7.2** （运行阶段）应定期检查门型架构的锈蚀情况，必要时进行防腐、更换锈蚀严重的紧固件、连接件等。

条文 **12.7.3** （运行阶段）门型架构如基座存在沉降量大、变形、严重开裂等，应加强架构监督管理工作，并安排计划进行架构的改造、更新。

13 防止全厂停电及厂用电设备损坏事故

总体情况说明

全厂停电及厂用电设备损坏主要表现为由于水电厂内部或外部原因，全厂对外有功负荷降到零和厂用电源消失等。全厂停电及厂用电设备损坏主要原因有：① 运行方式不合理；② 二次回路错误、设备故障；③ 线路故障；④ 厂用电开关柜损坏；⑤限流电抗器损坏事故等。因此为了防止全厂停电及厂用电设备损坏事故发生，应在设计阶段合理设计运行方式、选择合理的冗余供电方式、选择合理的母线保护措施、提高线路防灾害水平、提高厂用电开关柜防护等级，在基建阶段防止厂用电盘柜及设备受潮，在运行阶段加强金具巡检、熟练掌握黑启动方案开展反事故演习。

本章重点针对防止全厂停电及厂用电设备损坏事故反措条款，结合水电厂发展的新趋势、新特点和暴露出的新问题，分析代表性案例及原因，进一步详解了落实防止全厂停电及厂用电设备损坏事故的具体措施。

本章共分为七个部分，内容包括：防止运行方式不合理造成全厂停电事故、防止电源二次回路及设备故障造成全厂停电事故、防止母线故障造成全厂停电事故、防止发电厂上网线路故障造成全厂停电事故、防止厂用电全部丢失事故、防止厂用电开关柜损坏事故、防止限流电抗器损坏事故。

条 文 说 明

条文 13.1 防止运行方式不合理造成全厂停电事故

条文 13.1.1 （设计阶段）厂用电保安电源通常选用柴油发电机组，也可专设水轮发电机组。符合下列条件的水电厂应设置厂用电保安电源：① 重要泄洪设施无法以手动方式开启闸门泄洪的水电厂；② 水淹厂房危及人身和设备安全的水电厂；③ 需要保安电源作为黑启动电源的水电厂；④ 抽水蓄能电厂上下库闸门电源均取自地下厂房的电源。

［名词释义］

【厂用保安电源】用于厂用电工作电源和备用电源都消失时向保安负荷供电的电源。

【黑启动电源】当厂用电工作电源及备用电源消失时，用于启动机组及其附属设备的独立于电网的其他电源。

［条款释义］

机组辅助设备停电，机组可能无法启动，失去对系统备用；排水系统失电可能造成水淹厂房事故；泄洪设施失电可能造成无法开启泄洪闸门，对上下游及大坝的安全构成威胁；因此，对于全厂失电会导致机组无法自启动或影响人身、设备、设施安全，应设置事故保安电源。抽水蓄能电厂设计为地下厂房，上水库和下水库闸门通常需要使用卷扬机操作，其电源通常均取自地下厂房。当发生水淹厂房事故时，地下厂房电源消失，为保证上下库闸门及时落门隔离故障水源，必须保障闸门电源的可靠性。

条文 13.1.2 （设计阶段）厂用电系统各级母线均应装设备用电源自动切换装置，装置故障和功能退出时应有相应的报警信号。低电压等级备自投不宜先于高电压等级备自投动作。

[名词释义]

【备用电源自动切换装置】是指当线路或用电设备发生故障时，能够自动迅速、准确地把备用电源投入用电设备中或把设备切换到备用电源上，不至于让用户断电的一种装置，简称备自投装置。

[条款释义]

发电厂厂用电系统故障所引起的后果程度取决于厂用电供电的可靠性。为提高厂用电系统的供电可靠性，厂用电母线（特别是带重要辅机的）应装有备用电源自动投入装置，并保证有足够的自投容量，装置故障和功能退出应有相应的报警信号。设备改造后如启动容量增大的母线，应进行自启动电压和有关保护定值的验算。新投产的设备，备用电源自动投入装置不完善的，不能投入运行。为防止低电压等级备自投动作后高电压等级备自投装置再动作造成低电压母线失压，低电压等级备自投不宜先于高电压等级备自投动作。

[案例 13-1] 某水电厂厂房空间狭小，电厂备用柴油发电机设计安装在坝区，且需要手动启动。在主汛期雷击导致送出线 110kV 系统经常跳闸失压，造成机组跳机全厂停电，在处理事故时需要经过一系列复杂的操作才能使厂用电系统恢复带电，给汛期安全带来风险。为此，电厂在 2012 年 2 月对柴油发电机控制系统进行了改造，实现了柴油发电机自动启动和回路切换（见图 13-1），保证汛期可靠运行，为事故处理提供可靠保证。

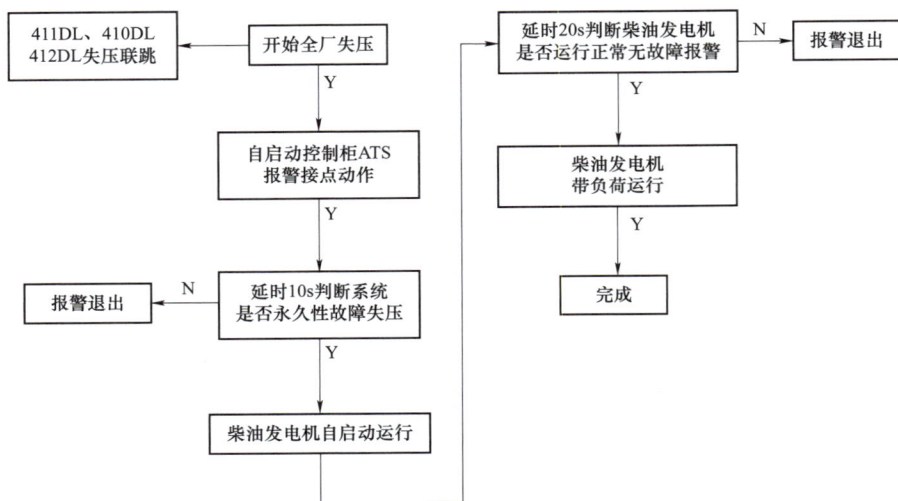

图 13-1 柴油发电机自动启动带厂用电流程图

条文 13.1.3 （设计阶段）水电厂升压站及抽水蓄能电厂开关站不应作为系统枢纽站，也不应装设构成电磁环网的联络变压器。

[名词释义]

【系统枢纽站】系统枢纽变电站汇集多个大电源和大容量联络线，在系统中处于枢纽地位，其高压侧系统间功率交换容量比较大，并向中压侧输送大量电能。全所停电后，将使系统稳定破坏，电网瓦解，造成大面积停电。

[条款释义]

电厂开关站作为枢纽站或者设立 500kV/200kV 联络变压器，会增加所在电网的短路电流。因此各地区在做电网规划时，应尽量避免将新建电厂再作为电网的枢纽站使用，即不宜从电厂直出负荷站，或将多台机组经过多条出线与现有电网紧密连接。对已存在上述情况的电厂，可结合电网改造或机组更新等机会，逐渐加以解决。

按照要求在发电厂接入系统方案审查时，不应选择装设构成电磁环网的联络变压器方案。其主要目的是在规划阶段把关，不再出现新的电磁环网。发电厂现有的联络变压器，且以电磁环网方式运行的应从电网规划建设上尽快创造条件，分阶段逐步打开电磁环网。

条文 13.1.4 （设计阶段）带直配电负荷电厂的机组应设置低频率低电压解列装置，确保在系统事故时，解列一台或部分机组后能单独带厂用电和直配负荷运行。

[条款释义]

系统故障时可能会造成频率和电压严重下降，对电网及各电厂厂用电安全运行造成威胁。带直配电负荷电厂的机组应设置低频率低电压解列装置并按规定投入，保证在事故情况下，一台或部分机组与电网解列，单独带厂用电和直配负荷。事故时如解列装置拒动，应以手动断开解列点断路器，确保厂用电运行。

[案例 13-2] 2003 年 2 月 2 日，某水电厂发生厂用电事故。事故原因为 629 线路（坝顶升船机的工作电源）末端变电室窜入小动物引起电气短路，造成厂用电母线电压下降，最终导致厂用电失压。事故主要原因：① 在线路末端经高阻短路时电流较小，线路配置的感应型反时限过流保护动作延迟时间过长；② 未配置低频低压解列装置，在厂用电母线长时低电压情况下部分辅机跳闸，造成机组停机。案例说明应设置低频低压解列装置，确保在系统事故时，解列一台以上的机组能单独带厂用电运行。

条文 13.1.5 （运行阶段）水电厂应明确厂用电系统的正常和非正常运行方式，并优先采用正常运行方式，因故改为非正常运行方式时，应启动相应的应急预案。

[条款释义]

水电厂的厂用电系统至少规定两种运行方式，其中故障率最低，运行可靠性最高的方式为正常运行方式，厂用电系统在不能满足正常运行方式运行时应及时切换至其他非正常运行方式以保证厂用设备的可靠供电。在厂用电系统非正常运行方式运行时，应有相应的应急预案或现场处置方案，以便厂用电系统非正常方式运行发生故障时能够快速有序的进行应急处理。大型抽水蓄能电厂的厂用电运行方式规定按照 DL/T 2019《抽水蓄能电站厂用电系统运行检修规程》中相关规定执行。

条文 13.1.6 （运行阶段）各级母线的备用电源自动切换装置应正常投入，因故退出时应启动相应的应急处理预案。定期进行备用电源自动切换装置的动作试验，确保功能正常。试验结束后应对受电源消失影响的设备进行全面检查，如机组自用配电盘的供电方式等。

［条款释义］

为保证主供电源失电后备用电源可靠投入，应定期对备用电源自动切换装置及其回路进行检查和带断路器传动试验。备用电源的断路器建议每季度至少投切一次，投入时间不应少于 1h，如有条件带负荷时，应带负荷进行备自投切换试验，并对有可能在试验过程中失压脱扣的设备进行全面检查。为保证主要设备运行的可靠性，保障机组启动成功率，明确规定在备自投切换后对受电源消失影响的设备进行全面检查。

条文 13.2　防止电源二次回路及设备故障造成全厂停电事故

条文 13.2.1 （设计阶段）电厂应根据实际需要设置至少两路电源供电的集中或分散的交流控制电源系统。对监控系统、调度自动化系统等重要设备应选择不间断电源供电，现地控制单元电源应采用冗余配置，其中至少一路为直流电源。

条文 13.2.2 （设计阶段）二次电源回路及断路器跳合闸回路的完整性均应予以监视。

［条款释义］

水电厂断路器跳合闸二次硬布线回路根据闭锁联动点的复杂程度，将会涉及多盘柜转接，呈现回路多节点和长途径传输的特点，为确保断路器合分闸动作的正确性，防止断路器拒动导致事故扩大，应对二次电源回路及断路器跳合闸回路的完整性予以监视，出现故障及时采取措施；通过光纤传输的跳合闸信号应对光纤通信状态进行实时监视，发现链路中断或衰耗增大应及时处理。

条文 13.2.3 （设计阶段）保护回路及断路器操作回路不应有寄生回路，严防交流窜入直流回路，禁止交、直流接线合用同一根电缆。对双重化保护的电流回路、电压回路、直流电源回路、双跳闸线圈的控制回路等，两套系统不应合用一根多芯电缆。

［条款释义］

一旦发生交流窜入直流回路极有可能发生发电机组、主变压器、线路继电保护动作，导致全厂停电事故。因此要从设计源头上把好关，严防交直流回路共用一根电缆，另外要结合检修重点检查，对于存在交直流合用问题要及时整改更换，消除交直流混用电缆的问题。

［案例 13-3］ 2005 年 10 月 25 日，某电厂在运行的 1、4、5 号机组相继跳闸，1、2 号联络变压器同时被切除。事故原因：① 现场断路器操作回路中存在寄生回路，使断路器失灵保护屏一、二组跳闸线短接；② 现场 500kV 网控室 220V 直流负接地报警，一直未处理；③ 检修维护人员对断路器汇控柜内二次回路不清楚，在未查清图纸的情况下，仅根据自己的判断任意短接端子，误将交流电通入断路器压力闭锁回路使 500kV 网控室 220V 直流混入交流，导致断路器失灵保护误动作。

条文 13.2.4 （运行阶段）应定期检查 UPS 与逆变电源装置负载率，定期开展主备用电源切换试验，确保交流电源中断时，**UPS** 与逆变电源装置能正常工作。

[条款释义]

各单位要结合电厂实际，制定 UPS 装置巡视检查以及主用和备用电源的定期切换试验制度。特别是运维值班人员应清楚 UPS 装置正常工作状态及设备运行中的注意事项，发现问题及时处理，确保 UPS 装置的正常工作状态。

[案例 13-4] 2018 年 3 月某电厂监控系统下位机失电，导致两台并网机组跳闸。事故主要原因：① 运维人员对 UPS 系统运行方式不熟悉，运行中 1 号 UPS 主机带负荷，2 号 UPS 主机输出作为 1 号 UPS 主机的旁路输入电源；② 运维人员在 2 号 UPS 已经故障的情况下关闭 1 号 UPS 主机输出，造成机组监控系统失电。

条文 13.2.5 （运行阶段）禁止将全厂所有厂用高压变压器高压侧断路器的控制及保护电源接入同一段直流母线，防止该段直流母线故障造成断路器同时跳闸。

[条款释义]

全厂所有厂用高压变压器保护装置及与其相关设备（操作箱、跳闸线圈）的直流电源应取自不同蓄电池组连接的直流母线段，避免因一组直流电源异常（直流回路多点接地、交流高电压窜入直流系统）导致所有厂用高压变压器保护、操作回路以及重动继电器受到影响而同时误动或拒动，对于多台厂用高压变压器应将各自的高压侧断路器的控制及保护电源接入不同直流母线段，防止因直流母线故障，导致所有厂用高压变压器跳闸失去厂用电。

条文 13.3 防止母线故障造成全厂停电事故

条文 13.3.1 （设计阶段）开关站母线若采用双套主保护，电流、电压互感器宜使用各自独立的二次绕组，直流电源互相独立，各保护出口同时作用于断路器的一、二组跳闸线圈，保护的电源及保护设备故障都分别引出信号。

[条款释义]

为防止检修、运行、退役阶段，单套保护检修时，双套保护之间相互影响，带来设备运行隐患，互感器采用各自独立的二次绕组，同时直流电源互相独立，以保障二次回路之间无物理联系，电气连接互不影响。

条文 13.3.2 （设计阶段）应选用合适容量和准确级的电流互感器，在各种类型区外短路时，母线保护不应由于电流互感器饱和以及短路电流中的暂态分量而引起误动作。

[名词释义]

【准确级】对电流互感器所给定的等级。互感器在规定使用条件下的误差应在规定限度内。

[条款释义]

所有保护装置对外部输入信号适应范围都有一定的要求，合理选择电流互感器容量、变比和特性，有助于充分发挥保护功能，利于整定配合，提高继电保护的选择性、灵敏性、可靠性和速动性。优先选用准确限值系数和额定拐点电压较高的电流互感器，可提高抗区外短路的能力，保证母线保护动作的正确性。

条文 13.3.3 （设计阶段）抽水蓄能电厂的接入系统设计应保证至少有两回出线，并同期开展建设。出线如需设置高压并联电抗器，应优先考虑布置在对侧变电站。

［条款释义］

当抽水蓄能电厂设计仅有一回出线时，如果发生线路故障，将导致抽水蓄能多台机组同时发电甩负荷或抽水切泵，对水力系统安全运行带来隐患。鉴于抽水蓄能电厂开关站布置空间有限，且存在高边坡等不稳定因素，出线如需设置高压并联电抗器，应优先考虑布置在对侧变电站。

条文 13.3.4 （基建、运行阶段）加强母线支柱绝缘子探伤检验工作，防止运行或操作时发生断裂，造成母线接地或短路。支柱绝缘子外观有明显损伤，禁止操作。

［名词释义］

【支柱绝缘子】由一个或多个瓷绝缘件以及完整的端部装配件永久地胶装在一起构成，用作带电部件刚性支撑并使其对地或与另一带电部件绝缘的绝缘子，包括实心、空心支柱绝缘子。

［条款释义］

隔离开关、硬母线支柱绝缘子运行中受温差变化、雨雪侵蚀和应力变化等影响将产生的裂缝和其他缺陷，导致绝缘子发生脆性或者断裂事故，造成变电站全停。对支柱绝缘子进行探伤检测，可以发现支柱绝缘子的内外缺陷、复合绝缘子的黏接质量缺陷，提前预防和避免绝缘子事故发生。隔离开关在吊装和连接导线过程中存在受冲击破损、异常受力等风险，因此应在隔离开关安装完毕并完成全部连接后对所有支柱绝缘子逐一探伤检查。

条文 13.4 防止发电厂上网线路故障造成全厂停电事故

条文 13.4.1 （设计阶段）在特殊地形、极端恶劣气象环境条件下重要输电通道宜采取差异化设计，适当提高重要线路防冰、防洪、防风等设防水平。

［条款释义］

重要输电通道宜采取差异化设计，以提高线路设防水平，防止在特殊地形、极端恶劣气象环境条件下重要输电通道完全中断，造成较大损失，构成相应级别事件。这种差异化设计可以体现在多回线路中的一回，也可体现在一回线路的不同区段。其中重要输电通道与战略性通道概念基本一致，主要突出差异化的理念。

［案例 13-5］ 2012 年 3 月某 500kV 紧凑型双回线位于恶劣气象环境条件下的某区段因严重覆冰雪反复跳闸，双回线被迫转入检修，送端电厂全厂停电。在全面分析该故障的基础上，相关单位提出如下反措：① 建议对故障区段进行差异化改造，将双回线中至少一回的局部区段路径由海拔相对较高区域改至海拔相对较低、气象环境相对较好区域，并采用常规的导线水平排列线路（杯型塔）；② 在另一回线故障区段增加一至二基耐张塔。上述措施均以防止恶劣气象环境下相邻挡导线不均匀覆冰雪，直线塔绝缘子顺线路方向偏移引起导地线弧

垂大幅度变化为目的。

条文 13.4.2 （设计阶段）风振严重区域的导地线线夹、防振锤和间隔棒应选用加强型金具或预绞式金具。

［条款释义］

这项反措要求风振严重区域的导地线线夹、防振锤和子导线间隔棒应选用耐磨加强型金具或预绞式金具，以防止松动和损伤。运行经验表明预绞式金具是防止金具松脱的有效措施。

［案例13−6］ 2011 年，某位于海边风振多发区域的 220kV 线路，部分与主导风向垂直的线路区段防振锤反复松动并沿导线跑位，复位后又再松动，线路巡视时可观察到明显的振动。改造方案中除加强抑制振动措施，还采用预绞式防松型防振锤，防止松动、跑位损伤导线和金具。

条文 13.4.3 （设计阶段）按照承受静态拉伸载荷设计的绝缘子和金具，应避免在实际运行中承受弯曲、扭转载荷、压缩载荷和交变机械载荷而导致断裂故障。

［条款释义］

近年来的一些线路故障，基本原因就是适宜承受静态拉伸载荷、且按照承受静态拉伸载荷设计的刚性复合绝缘子及配套金具，在实际运行中的恶劣气象环境条件下，经常性地承受弯曲载荷、交变/冲击机械载荷而导致疲劳断裂。在大风等气象环境极端恶劣区域，可探索、采用具有柔性和弹性特点的柔性复合绝缘子（柔性复合相间间隔棒）等产品和技术，有效避免弯曲载荷、削弱交变机械载荷。

［案例13−7］ 某 500kV 紧凑型线路 V 串复合绝缘子断串，主要原因是刚性芯棒承受了设计上未予考虑的弯曲载荷，特别是长期承受拉−压（弯）交变应力从而导致的疲劳断裂（见图 13−2）。目前大量应用各种复杂承力方式的复合绝缘材料产品一定程度上构成电网安全运行的威胁。

图 13−2　V 串复合绝缘子疲劳断裂

［案例13−8］ 某线路在易舞动区安装了刚性复合相间间隔棒，2009～2010 年期间的舞动导致 6 支相间间隔棒钢脚断裂，2 支安装支架断裂（见图 13−3、图 13−4），其中包括替代铝合金支架的加强型钢支架，而弯曲载荷和交变载荷是金具断裂的重要因素。

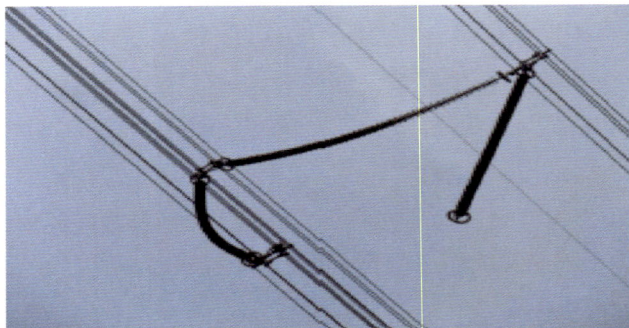

图 13-3　发生故障的刚性复合相间间隔棒

图 13-4　断裂的钢脚

条文 13.4.4　（设计阶段）对于直线型重要交叉跨越塔，包括跨越 110kV 及以上线路、铁路和高速公路、一级公路、一/二级通航河流等，应采用双悬垂绝缘子串结构，且宜采用双独立挂点；无法设置双挂点的窄横担杆塔可采用单挂点双联绝缘子串结构。

［条款释义］

本条文对于直线型重要交叉跨越塔的绝缘子串提出要求。对于重要的交叉跨越，一旦发生掉线可能导致重大损失，如：对线下线路、道路、房屋、建筑、居民等造成伤害。直线塔一般为单串设计，以双串绝缘子替代单串绝缘子可有效提高安全性，避免导线落地，在实际运行中已多次获得验证。

［案例 13-9］　自 2007 年 3 月至 2012 年 2 月，某 500kV 架空输电线路已先后发生 8 次直线塔悬垂绝缘子球头挂环断裂故障，8 起悬垂绝缘子故障中，5 起为双串绝缘子形式，3 起为单串绝缘子型式，单串形式的球头挂环断裂均造成导线落地，严重威胁 500kV 电网安全运行。因此双串绝缘子替代单串绝缘子可有效提高安全性，避免导线落地。

条文 13.4.5　（设计阶段）500kV 及以上架空线路 45° 及以上转角塔的外角侧跳线串宜使用双串绝缘子并可加装重锤；15° 以内的转角内外侧均应加装跳线绝缘子串。

［条款释义］

本条文对转角塔的跳线绝缘子串的防风偏性能提出要求。输电线路杆塔位于风口等微地形、微气象区域时，45° 及以上的大角度耐张转角塔外角侧的跳线易对塔身风偏放电，应采取防风偏措施；15°以内的小角度耐张转角塔的内/外角侧跳线均存在对塔身风偏放电风险，应采取防风偏措施。

条文 13.4.6 （基建、运行阶段）积极应用红外测温技术监测直线接续管、耐张线夹等引流连接金具的发热情况，高温大负荷期间应增加巡视频次，发现缺陷及时处理。

［条款释义］

在低温或者低负荷条件下，连接金具即使存在接触不良问题，温度变化也不是很明显，用红外设备难以发现缺陷。而在高温重负荷下，连接金具温升相对明显，因此充分利用大负荷期间作为红外检测连接金具的有利时机十分必要。水电厂发生大规模泄洪期间应加强对水电厂出线线路舞动监视，通过增加红外测温频次及时发现由连接金具松动接触不良引起的温升。

［案例 13-10］ 2021 年 11 月，国内某抽水蓄能电厂对户外出线场人字引线进行红外测温，发现三相中 A 相比其他两相高 60℃，停电检查发现线夹松动及过热，及时进行停电处置。

［案例 13-11］ 2020 年 7 月 19 日，某电厂泄洪时过大的气流引起导线剧烈晃动致使接线板受损，在大风作用下 03 号主变压器 C 相高压套管引出线接线板断裂（见图 13-5），断裂后的高压引线下坠撞击主变压器冷却器管路导致单相接地，引起主变压器差动保护动作。

图 13-5 断裂的接线板

条文 13.4.7（基建、运行阶段）无专用开关的线路高压电抗器，电抗器运行时应投入线路远跳保护，远跳保护退出时电抗器应停运。

［案例 13-12］ 某电网 500kV 联络线路，线路较长为了减小线路过电压，本侧配置一组线路并联电抗器，该电抗器用隔离开关投退，没有专用断路器。当本侧电抗器发生故障时，线路对侧保护处于电抗器的远端，灵敏性差，不能瞬时切除故障，只用远方跳闸装置来切除线路对端送来的故障电流。

条文 13.4.8（基建、运行阶段）机组带线路零起升压时，该线路保护装置启动相邻元件的后备接线（开关失灵保护）应退出，线路重合闸退出。用作零起升压的发电机其后备保护跳其他开关的压板应断开。

[名词释义]

【零起升压】零起升压试验是对主设备进行故障检查时没有发现明显故障特征，为防止全电压加入故障设备上而引起系统冲击和稳定破坏或加重故障设备损坏程度，验证二次回路在升压过程中的正确性，所进行的从零起升压（递升加压）试验。

【失灵保护】开关失灵保护是指故障电气设备的继电保护动作发出跳闸命令而断路器拒动时，利用故障设备的保护动作信息与拒动断路器的电流信息构成对断路器失灵的判别，能够以较短的时限切除同一厂站内其他有关的断路器，使停电范围限制在最小，从而保证整个电网的稳定运行，避免造成发电机、变压器等故障元件的严重烧损和电网的崩溃瓦解事故。

[条款释义]

机组带线路零起升压有如下注意事项：零起升压所用发电机应有足够容量，对长线路零起升压时，应避免发电机产生自励磁和设备过电压；零起升压时，发电机的强行励磁、复式励磁、自动电压调节装置以及发电机失磁保护、线路开关的自动重合闸等均应停用，被升压的所有设备均应有完善的继电保护；零起升压所用升压变压器，其中性点必须直接接地。远跳保护退出时电抗器应停运。

[案例 13-13] 某厂 650MW 水轮发电机组带线路零起升压过程中出现电压失控现象，当机端电压至 $57.06\%U_n$ 时，机端电压由 $57.06\%U_n$ 直接上升至 $91.33\%U_n$，停止试验。电压失控现象因空载长线路产生容性电流，提高了发电机出口母线电流，达到了励磁系统由空载转入负载的条件，所以机组带长线路零起升压前应验算是否有足够容量，避免发电机产生自励和设备过电压。

条文 13.5 防止厂用电全部丢失事故

条文 13.5.1 （设计阶段）重要的厂用电高低压母线宜分段布置在独立的房间，保安电源宜放置在独立房间。抽水蓄能电厂的柴油发电机组，不应设置在地下厂房内。

[条款释义]

厂用电高低压母线宜分段布置在独立的房间；为提高厂用电供电的可靠性，防止厂用电系统电气设备发生火灾时扩大停电范围，各水电厂宜配置事故保安电源，在全厂停电时保证排水系统、消防水泵等系统的正常运行，也要单独放置在独立的房间，不能有任何的电气连接，防止其相互影响。抽水蓄能电厂的柴油发电机组，不应设置在地下厂房内，当设置于地下厂房时，若发生水淹厂房事故，地下厂房的柴油发电机组将瞬间被摧毁，无法起到应急电源特别是排水的作用。

[案例 13-14] 2011 年 3 月 11 日，日本遭遇里氏 9 级大地震，强震引发海啸。福岛核电厂 1、2、3 号机组的应急柴油发电机布置在厂房的地下室内，海啸到来后直接淹没应急柴油发电机，致使厂内失去应急电源。

条文 13.5.2 （设计阶段）配置厂用电保安电源和黑启动电源时，柴油发电机的容量应按保安负荷与黑启动负荷二者较大值选取，可不考虑黑启动负荷与保安负荷同时出现。

[名词释义]

【黑启动】指整个电网因事故崩溃或部分电网瓦解后，在不具备任何外界电源的情况下，由系统中具备自启动能力的机组率先启动，为电网中其他无自启动能力的机组提供辅助设备工作电源，使其恢复发电，进而逐步恢复整个电网正常供电的过程。包括：

A 类黑启动方式：仅利用直流蓄电池存储的电能量、液压系统储存的液压能量，恢复厂用电工作电源的方式。

B 类黑启动方式：利用黑启动电源及直流蓄电池存储的电能量及液压系统储存的液压能量，恢复厂用电工作电源的方式。

[条款释义]

水电厂或抽水蓄能电厂常在电网中承担黑启动任务，而设计为 B 类黑启动电源的水电机组或抽水蓄能机组启动通常需要相应辅助电源，所以承担黑启动任务的电厂应配置黑启动电源。由于黑启动时间一般不会太长，可不考虑黑启动负荷与保安负荷同时出现；在考虑柴油发电机的容量时可按保安负荷与黑启动负荷二者较大值选取，这样选取是为了保证可靠供电。

条文 13.5.3 （设计阶段）厂用电母线倒闸操作相关的开关之间应配置防电气误操作装置或回路，防止发生系统非同期合闸、运行设备损坏、事故扩大等。

[名词释义]

【非同期】待并列母线或电源在电压、相位、频率存在较大偏差，不满足并列条件。

[条款释义]

一般厂用电母线为分段运行，各段电源来源都不同，并设有母联开关及备自投装置。为防止发生不同电源之间的合环事故（非同期合闸）、损坏运行设备，各母线的进线开关与母联开关之间必须设有电气闭锁回路或防误操作装置。

[案例 13－15] 某电厂在柴油发电机检修后进行启动试验，发电机启动建压后误合开关与厂用电保安段非同期并列造成柴油发电机及其保安段进线开关烧毁。事故原因：① 柴油机系统设计混乱，进口柴油机控制系统与保安段电源系统设计不统一；② 检修人员误将柴油发电机机端电压回路与控制盘交流控制电源回路连接，导致柴油发电机与保安段电源非同期并列。

条文 13.5.4 （设计阶段）新建抽水蓄能电厂厂用电 6～35kV 系统应设计为大电流接地方式，并增设相应保护，以保证其在发生电气故障时能快速切除。在运电厂应结合自身实际情况进行技术改造。

[名词释义]

【大电流接地系统】中性点直接接地系统（包括经低阻抗接地的系统）发生单相接地故障时，接地短路电流很大，所以这种系统称为大电流接地系统。

[条款释义]

新建抽水蓄能电厂厂用电 6～35kV 系统应设计为大电流接地方式，可以保证设备和人身安全，与小电流接地方式相比，大电流接地方式可以快速定位及切除系统单相接地故障，以保证其在发生电气故障时能快速切除。

条文 13.5.5 （运行阶段）应根据设计要求和运行环境定期进行柴油发电机的巡视、试验和检修。保安电源和黑启动电源另有配置的需对其电源设备进行定期巡视、测量和维护保养等工作，防止保安电源消失事故的发生。可利用保安电源为黑启动创造条件。

[条款释义]

定期对柴油发电机进行维护检查，防止柴油发电机维护不当造成厂用电停用时无法供电。应适当配置保安电源，当柴油发电机不能正常启动时，会造成全厂停电后不能及时恢复厂用供电。

[案例 13-16] 2009 年 2 月，某电厂进行 2 号柴油发电机例行启动，先后 3 次启动均失败，经检查柴油机汽缸进水。原因是 2 号柴油机储备油箱至油站的供油管路之前进行了更换，更换后施工人员对管路注水打压，之后在未将水排净的情况下即通过该管路对 2 号柴油发动机储备油箱供油，致使油箱底部积水，因油轻水重正常检查油箱油位时不能发现，通过此次例行启动失败才发现此重大隐患。因问题发现及时未对柴油机造成严重损坏，经厂家处理后可正常投入运行。

条文 13.5.6 （运行阶段）应制定和落实保厂用电措施，并根据现场设备和运行方式变化情况及时修编黑启动方案，运维人员应熟练掌握黑启动方案，定期开展反事故演习。

[条款释义]

各运行单位要结合电厂实际，制定保厂用电措施，编制黑启动方案，并且定期开展事故演习，特别是运维值班人员应清楚保电措施及黑启动方案的启动条件、具体内容及注意事项，确保能在短时间内完成黑启动。

[案例 13-17] 2005 年 9 月 26 日凌晨强台风"达维"袭击海南，1:25 海南电网全面崩溃。1:30 海南电网调度发布黑启动命令，2:50 南丰水电厂黑启动成功，通过 110kV 那线-那金线-金马线给海口电厂送电，保证了海口电厂 2 台火电机组未受损失；2:58 大广坝水电厂 2 号机组黑启动成功，并通过 220kV 大鹅线-鹅洛线-洛玉线-马玉线给海口电厂送电，海口电厂具备了启动发电机组的厂用电源，进入全面启动状态。5:26 海南电网部分变电站开始恢复供电，至 7:20 政府机关等重要用户恢复送电，27 日全网负荷恢复达 80%，中国电力史上第一次黑启动实战取得成功。

条文 13.5.7 （运行阶段）额定负载电流超过 200A 或者带有渗漏排水泵、检修排水泵、中压气机等大功率负荷的抽屉开关，新建或改造时宜增加温度在线监测功能。

[名词释义]

【抽屉开关】抽屉式开关是采用钢板制成封闭外壳，进出线回路的电器元件都安装在可抽出的抽屉中，构成能完成某一类供电任务的功能单元。

[条款释义]

温度在线监测系统对供电系统移开式开关设备、固定式开关设备、隔离开关触头、母线、电缆连接处以及电抗器绕组、干式变压器高压绕组等由于插接不良、接头松动、母线蠕动、表面氧化、电化腐蚀、超负荷、环境温度过高、通风不良等引起过热进行实时监测。能及时发现隐患，防止超温烧毁和导致绝缘老化击穿引发短路事故，提高供电可靠率。

[案例 13-18]　某企业低压配电系统选择使用国内品牌抽屉式断路器，所带负荷主要为空压机、制冷机等高负荷连续生产设备。自 2014 年起，低压配电系统发生多起掉闸停机事故。对断路器检查后发现，断路器三相静触头端面不在同一水平面，A 相动、静触头接触面积较小，接触电阻增大，长期运行产生发热，最终导致断路器 A 相触头烧损，引起跳闸事故。

条文 13.6　防止厂用电开关柜损坏事故

条文 13.6.1　（设计阶段）新建电厂主生产区域 6kV 至 35kV 厂用电盘柜防护等级应不小于 IP4X，盘柜不宜使用上进线或上出线型式，盘柜内应配置有专用的加热或除湿装置。

[条款释义]

水电厂用电系统（含抽水蓄能电厂静止变频器系统）6～35kV 开关柜通常布置在室内，且水电厂建设期间环境通常比较潮湿，投运后各种水管路布置较多，根据现场实际情况，多个新建抽水蓄能电厂建设投运时盘柜内铜排等绝缘等级已明显降低，为防止后续运行时发生事故，经调研国内主要制造厂能力，提出盘柜防护等级和进出线型式等更高的要求，适应现场需求。

[案例 13-19]　2017 年 8 月 8 日 14:45，某电厂 10kV 馈线开关柜（故障前为热备用状态）断路器手车室、继电器仪表室烧毁，将断路器从开关柜内拉出后，发现其 A 相靠母线侧动触头已完全烧毁，触头处有明显锈迹（见图 13-6），电压互感器 A、B 相外壳有明显裂纹。原因为 10kV 配电室内区域空气潮湿，潮气进入开关柜后，导致母线绝缘水平下降，引发单相接地，形成接地弧光，引起开关烧损，在燃烧过程中进一步发展成为三相短路故障。

图 13-6　开关烧损情况

条文 13.6.2　（基建阶段）6～35kV 厂用电盘柜到达现场后，若暂不具备安装条件，宜储存在干燥的室内，条件不具备时，柜体应封装管理，并做好措施，防止触头、铜排等关键

部位受潮。

［条款释义］

厂用电盘柜内部均装设除湿装置，可保证设备正常运行需求。水电厂建设工期长，且多处于山区潮湿地带，如暂时不具备安装条件，需在现场储存，除湿装置因未接引电源而无法投入，易产生凝露，导致触头、铜排等关键部位受潮。为防止此类事件发生，宜做好盘柜现场储存期间的防潮措施。

条文 13.7 防止限流电抗器损坏事故

条文 13.7.1 （设计阶段）新建抽水蓄能电厂的厂用变压器及 SFC 限流电抗器应布置在独立的房间内，房间与外部通道应有墙体隔离。在运电厂不满足的应进行改造。

［条款释义］

部分抽水蓄能电厂设计厂用变压器及静止变频器限流电抗器布置在同一房间内，若其中一组电抗器出现故障，可能直接导致另一组受损。

条文 13.7.2 （设计阶段）新建抽水蓄能电厂的厂用变压器及 SFC 限流电抗器不宜布置在同一个房间内，如已设计布置在同一房间内，宜对两组电抗器进行防爆隔离。

［条款释义］

现阶段各抽水蓄能电厂设计时，基本具备将厂用变压器和静止变频器限流电抗器布置在不同的分支母线回路的条件，经排查部分抽水蓄能电厂设计厂用变压器及静止变频器限流电抗器与 GIS 设备未做有效隔离防护，故提出上述要求。

［案例 13－20］ 2020 年 11 月，某抽水蓄能电厂厂用变压器限流电抗器故障烧损，故障中三相电抗器短时间内全部爆燃，对邻近设备和人员造成较大威胁。

条文 13.7.3 （基建阶段）厂用变压器及 SFC 限流电抗器应选用通过短路试验的同类型产品。已签订供货合同但未进行短路试验的限流电抗器，制造厂若无法提供同类型产品短路试验报告，不得投入运行。

［名词释义］

【限流电抗器】限流电抗器是串联在电力系统中用以限制系统故障电流的电抗器，是用以限制系统内的合闸涌流、高次谐波、短路故障电流等用途的感性元件。

【SFC】静止变频器是利用晶闸管将工频交流电输入变成连续可调的变频交流电输出的装置。主要用于抽水蓄能电厂中起动机组按水泵工况投入运行。

［条款释义］

根据 GB 1094.6—2011《电力变压器第 6 部分：电抗器》，限流电抗器的短路试验为特殊试验，非型式试验强制内容。大型抽水蓄能电厂主变压器低压侧分支母线短路阻抗小，若无限流电抗器保护，短路电流通常达到 150～170kA，此运行环境下对限流电抗器的产品质量，特别是抗短路能力要求非常高。当发生短路故障时，如果限流电抗器的抗短路能力不够，将无法限制短路电流导致事故扩大，造成设备损坏。

［案例13-21］ 2020年11月，某抽水蓄能电厂厂用变压器限流电抗器故障烧损，本次故障起因是厂用变压器开关至CT柜馈线铜排发生爬电并发展为相间短路，但因进线侧限流电抗器未能有效限制短路电流而快速扩大，直接导致开关柜和电抗器三相损坏。大型抽水蓄能电厂主变压器低压侧分支母线短路阻抗小，若无限流电抗器保护，额定短路电流通常达到150～170kA，此运行环境下对限流电抗器的产品质量，特别是抗短路能力提出非常高的要求。

14 防止监控及自动化系统事故

总体情况说明

监控及自动化系统事故主要表现为：监控系统瘫痪事故、机网协调事故、机械保护拒动误动事故、网络安全事故等。监控及自动化系统事故主要原因有：① 设备存在缺陷，设备检修、运维、试验以及日常管理不到位；② 未按规定进行涉网试验，涉网设备设计选型及适用于电力系统安全稳定性分析计算的模型及参数不合格；③ 机械保护装置未按规定检验、性能不可靠及保护逻辑不完善；④ 相关人员网络安全意识淡薄或电力监控系统网络安全防护措施执行不到位。因此，为防止监控及自动化系统事故发生，应在设计、基建、运行各阶段加强防止监控系统瘫痪事故、机网协调事故、机械保护拒动误动事故、网络安全事故的发生，防止监控及自动化系统事故。

本章重点针对防止监控及自动化系统事故反措条款，结合水电厂发展的新趋势、新特点和暴露出的新问题，分析代表性案例及原因，进一步详解了落实防止监控及自动化系统事故的具体措施。

本章节共分为四个部分，内容包括：防止监控系统瘫痪事故，防止机网协调事故，防止机械保护拒动、误动事故，防止监控系统网络安全事故。

条 文 说 明

条文 14.1 防止监控系统瘫痪事故

条文 14.1.1 （设计阶段）计算机监控系统远方、就地操作时，均应具备防止误操作闭锁功能。

[条款释义]

为防止人员误操作等原因造成设备误动，监控系统应设置合理可靠的闭锁功能，一般进行分层设置：

（1）人机接口 HMI 层，要对操作的发令条件、许可授权进行设置。

（2）程序层，要在程序逻辑上进行闭锁逻辑判断，即使人机接口误发操作令，程序也不执行。

（3）现地设备层，设备的现地本体控制应具有内部安全闭锁功能，即使错误的操作令发至设备，设备也能闭锁错误的操作。

条文 14.1.2 （设计阶段）现地控制单元 CPU、网络通信设备所用的电源应采取冗余配置，其中至少一路为直流电源。

［条款释义］

《水力发电厂计算机监控系统设计规范》（DL/T 5065—2009）中 9.0.3 条规定，监控系统的现地控制单元应采取两路供电，宜一路取自厂用电的交流电源，一路取自电厂的直流电源。

［案例 14-1］ 某电厂 300MW 机组现地控制单元供电电路为两路，但一路在施工过程中未接入。2013 年 1 月 9 日机组抽水方向启动，现地控制单元装置与 GPS 共用同一电源空开，由于 GPS 内部短路造成现地控制单元装置与 GPS 公用空开跳开，导致机组启动失败。暴露问题为：将非监控系统设备接入监控系统电源，监控系统电源未落实冗余电源配置。

条文 14.1.3 （设计阶段）故障紧急停机、事故闸门紧急关闭等功能应采用独立于计算机监控系统的硬接线回路来实现。

［条款释义］

紧急停机、事故闸门紧急关闭功能是确保机组能够安全停机的最后手段，设计此回路，用于监控系统由于电源、关键设备故障等原因导致系统全部瘫痪和失灵的情况下，实现机组的安全停机，为保证紧急停机功能不受其他系统影响，应采用独立的硬接线回路。

条文 14.1.4 （设计阶段）调度自动化等重要信息应用系统数据传输通道设计为主用、备用双链路热备用方式。

［条款释义］

明确调度自动化的重要信息和保障通信可靠性，由建议性条款修改为必要条款。

条文 14.1.5 （设计阶段）监控系统电厂级网络设备采用独立的空气开关供电，禁止多台设备共用一个分路开关。各级开关保护范围应逐级配合，避免出现分路开关与总开关同时跳开，导致故障范围扩大。

条文 14.1.6 （设计阶段）计算机监控系统电厂级设备应采用冗余配置的不间断电源供电，且每套 UPS 容量要考虑其中一套故障或维修退出时，另一套 UPS 能够支撑机房内设备持续运行，严禁将非监控系统设备接入监控系统不间断电源。UPS 设备的负荷不得超过额定输出功率的 70%，采用双 UPS 供电时，单台 UPS 设备的负荷不应超过额定输出功率的 35%。

［条款释义］

本条款明确规定监控系统 UPS 的容量和负荷率。采用双台 UPS 设备时，单台 UPS 负荷不应超过额定输出功率的 35%，考虑到其中某一台故障或维修退出时，余下的 UPS 能够支撑机房内设备持续运行。

［案例 14-2］ 某电厂 15MW 机组，计算机监控系统服务器由冗余配置的 UPS 供电，2015 年 9 月 21 日现场 UPS 单侧出现故障，且无法正常切换，计算机监控系统所有服务器非正常失电，导致一台操作员站和一台语音服务器主板损坏。

条文 14.1.7 （设计阶段）监控系统电厂级网络设备盘柜宜采用 PDU 供电，每一个 PDU 应采用独立空气开关进行控制，便于检修和避免故障范围扩大。

［条款释义］

本条款针对采用 PDU 供电的网络盘柜进行说明。

条文 14.1.8 （设计阶段）冗余设备及双电源模块的设备，应由不同电源供电。

条文 14.1.9 （运行阶段）监控系统的系统操作软件安装文件应至少备份 **2** 套，并分级管理、异地保存，每年检查一次。电厂控制逻辑和参数每次变更前后，均应做完整备份，软件备份至少 **2** 份，并分级管理，异地保存。

［案例 14-3］ 某电厂 57MW 机组，平时将 PLC 安装软件和 PLC 修改后的最新程序放在调试笔记本，并未异地定期备份。2018 年 3 月 2 日，用于 PLC 调试的笔记本电脑出现故障无法修复，此时 2 号机组 PLC 程序急需查询和修改，只得联系监控系统厂家核实 PLC 软件版本并尝试重新上载程序，耗费较长时间。

条文 14.1.10 （运行阶段）监控机房内应配备精密空调，机房内温度、湿度应满足设计要求并接入水电厂动力环境监测系统。

［条款释义］

条款将机房精密空调控制纳入机房动环系统，精密空调应带有通信接口，将空调的运行工作模式、温度设置、开关机等参数送入水电厂动力环境监测系统。

［案例 14-4］ 某电厂 130MW 机组，监控机房内未安装精密空调，机房内温度、湿度常年不满足监控机房要求，导致监控系统部分主服务器、调度通信服务器频繁主板告警、损坏，严重影响电厂计算机监控系统正常运转。

条文 14.2 防止机网协调事故

条文 14.2.1 （设计阶段）发电机失步保护应考虑既要防止发电机损坏又要减小失步对系统和用户造成的危害。为防止失步故障扩大为电网事故，应为发电机解列设置一定的时间延迟，使电网和发电机具有重新恢复同步的可能性。

［条款释义］

失步运行属于应避免而又不可能完全排除的发电机非正常运行状态。发电机失步往往起因于某种系统故障，故障点到发电机距离越近，故障时间越长，越易导致失步。失步振荡对发电机组的危害主要是轴系扭振和短路电流冲击。为减轻失步对系统的影响，在一定条件下，应允许发电机组短暂失步运行，以便采取措施恢复同步运行或在适当时机解列。

条文 14.2.2 （设计阶段）励磁变压器保护定值应与励磁系统强励能力相配合，防止机组强励时保护误动作。

［条款释义］

励磁系统应保证发电机励磁电流不超过其额定值的 1.1 倍时能够连续运行。电力系统故障情况下励磁系统强励电压倍数一般为 2 倍，强励电流倍数等于 2，允许持续强励时间不低于 10s。励磁变压器保护定值应与励磁系统强励能力相配合，否则励磁系统强励时励磁变保护可能会误动作。

条文 14.2.3 （基建阶段）新投产及改造机组商业运行前，相关继电保护、安全自动装置等稳定措施、一次调频、电力系统稳定器（PSS）、自动发电控制（AGC）和自动电压控制（AVC）等电力调度自动化系统子站设备和电力专用通信设备等应投入运行，其各项参数及整定值应满足所接入电网的要求。

条文 14.2.4 （基建阶段）励磁系统如设有定子过压限制环节，应与发电机过压保护定值相配合，该限制环节应在机组保护动作之前动作。

［条款释义］

该限制环节应在机组保护动作之前动作，防止由于发电机过电压保护提前动作导致的机组停机。

条文 14.2.5 （基建阶段）发电机组低频保护定值可按发电机制造厂有关规定进行整定，低频保护定值应低于系统低频减载的最低一级定值，机组低电压保护定值应低于系统（或所在地区）低压减载的最低一级定值。

［条款释义］

在发电机能力允许的情况下，为系统提供频率及电压的支撑。

［案例 14-5］ 1992 年某电网发生事故，由于 220kV 变电站值班人员误合隔离开关，导致一条 220kV 线路出口发生三相短路故障，继电保护拒动，造成后备保护动作致使主网隔离故障点比较慢（长达 0.58s），引起某电网各机群之间的激烈振荡。故障后 13s，联络线振荡解列装置动作，电网解列，某电厂 1 号机组（350MW）因低频保护动作，被迫退出运行，某电网的功率大量缺额导致电网频率急剧下降，低频减载装置动作，切除负荷 490MW。

［案例 14-6］ 2001 年某电厂 2 号机组（500MW）发生失磁事故，500kV 母线电压约为 480kV（$>0.9U_n$），由于发电机失磁保护电压闭锁定值为 $0.9U_n$，延时 2s，导致失磁保护拒动，失磁情况下发电机异步运行，从系统吸收大量无功、发出有功，引起负荷中心 500kV 枢纽站电压低落，500kV 变电站电压降低至 473kV。

条文 14.2.6 （基建阶段）新建及改扩建发电厂各机组 AGC 性能指标（运行范围、调节速率、调节精度等）AVC 性能指标（调节范围、调节速率、调节死区、调节时间等）应在投产前 3 个月内向调度机构提供设备台账和技术资料。

条文 14.2.7（运行阶段）机组一次调频时增负荷方向的调频负荷变化幅度限幅应不小于机组额定负荷的 10%，减负荷方向的调频负荷变化幅度原则上不进行限定。

［条款释义］

《并网电源一次调频技术规定及试验导则》中 7.4 节规定，频率/转速阶跃扰动试验中，水电机组一次调频功率变化幅度应满足：非额定有功功率工况下，水电机组参与一次调频的调频负荷变化幅度应不设限制，超出适应条件的，应对一次调频功率进行限制，一次调频功率变化幅度应不小于 10%额定有功功率；机组额定有功功率运行时应参与一次调频，增负荷方向一次调频功率变化幅度应不小于 8%额定有功功率，减负荷方向一次调频功率变化幅度应不设限制；水头不足导致机组功率无法达到额定有功功率工况的，机组最大出力下增负荷方向一次调频调节幅度应不小于8%额定有功功率。

条文 14.3 防止机械保护拒动、误动事故

条文 14.3.1 （基建阶段）机组整组启动前应将机械保护所有硬布线回路和控制逻辑纳入联动试验范围。

条文 14.3.2 （运行阶段）机组电气和机械过速出口回路应单独设置，装置应定期检验，检查各输出接点动作情况。禁止擅自改动机械保护定值和退出机械保护。

［条款释义］

测速装置检验主要包括外观检查、静态性能测试、稳定性检查、动态性能测试等，确保信号输出、设备动作正常。

条文 14.3.3 （运行阶段）在做好预控措施情况下模拟事故低油压保护动作，导叶应能从最大开度可靠全关。

［案例14-7］ 2008 年 5 月 27 日，某电厂 2 号机组发电工况运行过程中收到调速器低油压信号，机组事故停机。经查原因为调速器压力油罐两台油泵由于热继电器动作不能自动启动，同时调速器压力油罐自动补气功能失效，造成事故低油压保护动作跳机，该案例侧面证明了事故低油压功能的重要性。

条文 14.4 防止监控系统网络安全事故

条文 14.4.1 （设计阶段）在监控系统新建、改造工作的设计阶段，应同步开展电力监控系统安全防护方案设计，方案设计应符合电力监控系统安全防护总体方案。

条文 14.4.2 （设计阶段）电力调度数据网应当在专用通道上使用独立的网络设备组网，在物理层面上实现与电力企业其他数据网及外部公用数据网的安全隔离。

［条款释义］

《国家能源局关于印发电力监控系统安全防护总体方案等安全防护方案和评估规范的通知》（国能安全〔2015〕36 号）中附件 1《电力监控系统安全防护总体方案》中 2.2 章节规定电力调度数据网是为生产控制大区服务的专用数据网络，承载电力实时控制、在线生产交易的业务。安全区的外部边界网络之间的安全防护隔离强度应该和所连接的安全区之间的安全防护隔离强度相匹配。并规定了电力调度数据网应当在专用通道上使用独立网络设备组网，采用基于 SDH/PDH 不同通道、不同光波长、不同纤芯等方式，在物理层面上实现与电力企业与其他数据网及外部公共信息网的安全隔离。当采用 EPON、GPON 或光以太网络等技术时应当使用独立纤芯或波长。

条文 14.4.3 （设计阶段）监控系统在设备选型及配置时，禁止选用未经安全认证的系统及设备；生产控制大区中除安全接入区外，禁止选用具有无线通信功能的设备。

［条款释义］

《电力监控系统安全防护规定》（国家发展改革委第 14 号令）第十三条规定，电力监控系统在设备选型及配置时，应当禁止选用经国家相关管理部门检测认定并经国家能源局通报存在漏洞和风险的系统及设备，生产控制大区除安全接入区外，应当禁止选用具有无线通信功能的设备。

［案例 14-8］ 2020 年 12 月 23 日，某 220kV 变电站运维人员进行指纹识别装置调试时，将手机下载的驱动程序通过 USB 方式连接指纹识别主机误接入防误主机，发生生产控制大区违规外联事件，对生产控制大区网络安全造成威胁。

条文 14.4.4 （基建阶段）水电厂监控系统应严格按照安全防护要求，保障横向隔离、纵向认证、调度数字证书、网络安全监测等安全防护技术措施与电力监控系统同步建设，根据要求配置安全防护策略，验收合格方可开展业务调试。

条文 14.4.5 （基建阶段）监控系统在上线投运之前、升级改造之后必须进行安全评估，不符合安全防护规定或存在严重漏洞的禁止投入运行。

［条款释义］

《电力信息系统安全等级保护实施指南》（GB/T 37138—2018）第 6.3 章节规定电力监控系统运行单位在安全保护等级为第三级或第四级的电力监控系统投运前或发生重大变更时，委托电力监控系统评估机构进行上线前安全评估。在系统设计、开发完成后，委托电力监控系统评估机构进行型式安全评估。《国家能源局关于印发电力监控系统安全防护总体方案等安全防护方案和评估规范的通知》（国能安全〔2015〕36 号）中附件 1《电力监控系统安全防护总体方案》中要求加强重要电力监控系统及关键设备全生命周期的安全管理，系统上线前应当由具有测评资质的机构开展系统分析及控制功能源代码安全检测。同时第五章规定电力监控系统在上线投运之前、升级改造之后必须进行安全评估；已投运的系统应该定期进行安全评估，对于电力监控生产监控系统应该每年进行一次安全评估。

［案例 14-9］ 某电厂 170MW 机组，监控系统升级改造后安全评估发现部分监控系统服务器的操作系统存在若干严重漏洞，及时联系监控系统厂家打了相应的补丁，漏洞被修补。

［案例 14-10］2020 年 12 月，某 500kV 变电站智能辅助控制系统（生产控制 II 区）感染有害病毒，引起异常访问，触发安全告警，对生产控制大区网络安全造成严重威胁。

条文 14.4.6（运行阶段）新建水电厂监控系统应在投入运行后办理等级保护备案手续。已投入运行的电力监控系统，应按照相关要求定期开展等级保护测评及安全防护评估工作。针对测评、评估发现的问题，应及时完成整改。

［条款释义］

《中华人民共和国网络安全法》第 21 条规定，"国家实行网络安全等级保护制度。网络运营者应当按照网络安全等级保护制度的要求，履行安全保护义务"。《电力行业信息安全等级保护管理办法》（国能安全〔2014〕318 号）文件中第 12 条要求电力信息系统在建设完毕后，运营、使用单位或者主管部门应当选择符合条件的测评机构，定期对电力信息系统安全等级状况开展等级测评，电力监控系统信息安全等级测评工作应当与电力监控系统安全防护评估工作同步进行。其中二级系统要求每两年至少开展一次测评，三级系统每年开展一次测评。运营使用单位应每年开展一次电力监控系统安全防护评估工作，评估结果上报国家能源局，新并网系统在并网之前必须提交由国家能源局认可的评估机构开展电力监控系统安全防护评估，并出具相应报告方能并网。2021年颁布的《贯彻落实网络安全等级保护制度和关键信息基础设施安全保护制度的指导意见》（公信安〔2020〕1960号）文件中指出要深入贯彻实施国家网络安全等级保护制度，定期开展网络安全等级保护测评，同时明确"第三级以上网络运营者应委托符合国家有关规定的等级测评机构，每年开展一次网络安全等级测评"的要求。

[案例 14-11]　某电厂130MW机组，2020年度等级保护测评过程中发现监控系统服务器存在ssh漏洞，联系监控系统厂家通过升级Openssl、Openssh等方式及时解决了问题，消除了隐患。

条文 14.4.7（运行阶段）应对安全防护监视管理和审计平台，防病毒系统、IPS/IDS设备等应及时更新特征代码库，安全设备应开启日志审计功能。

[条款释义]
《国家能源局关于印发电力监控系统安全防护总体方案等安全防护方案和评估规范的通知》（国能安全〔2015〕36号）中附件1《电力监控系统安全防护总体方案》中关于生产控制大区内部安全防护要求中，明确规定生产控制大区应当采取安全审计措施，把安全审计与安全区网络管理系统、综合告警系统、IDS管理系统、敏感业务服务器登录和授权、关键业务应用访问权限相结合。同时，规定生产控制大区主站端统一部署恶意代码防护系统，采取防范恶意代码措施。病毒库、木马库以及IDS规则库应经过安全检测并应离线进行更新。

[案例 14-12]　某电厂110MW机组，2020年10月15日监控系统主服务器出现异常，现场维护人员查询日志发现服务器日志已经被配置转发至专用的日志审计服务器，但由于日志审计服务器厂家的错误配置，导致监控系统主服务器的系统日志未存储，维护人员无法分析服务器异常时刻的故障原因。经相关厂家技术处理解决了无法记录转存日志的问题。

条文 14.4.8（运行阶段）禁止监控系统及调度数据网系统跨安全区连接，严禁设备厂商或其他服务企业远程进行电力监控系统的控制、调节和运维操作。

[案例 14-13]　2020年12月4日，某电厂在自行开展1、2号机组DCS系统技术改造工作期间，将新增入侵检测设备（IDS）连接至1、2号机组DCS交换机，拟接收网络镜像流量开展分析。由于入侵检测设备在未加电状态时两个网口处于Bypass连通状态，造成两台机组DCS网络互通，DCS系统发生信号冲突，导致两台机组跳闸事故，损失出力57万kW。

15 防止励磁系统和静止变频器事故

总体情况说明

励磁系统和静止变频器系统事故主要表现为：励磁及静止变频器变压器损坏、励磁及静止变频器开关损坏等。励磁系统和静止变频器事故主要原因有：① 未采用适合的过流保护；② 励磁变压器缺少有效的温度监视手段；③ 断路器监视保护功能不完善。因此，为防止励磁系统及静止变频器事故发生，应在设计阶段选用合适的电流保护设计、变压器设计应满足运行环境要求、变压器应选用合适的温度检测设计、低压母线槽连接方式应考虑可靠设计、断路器应考虑有效的监视设计，在运行阶段定期对变压器及母线进行测温。

本章重点针对防止励磁系统和静止变频器事故反措条款，结合水电厂发展的新趋势、新特点和暴露出的新问题，分析代表性案例及原因，进一步详解了落实防止励磁系统和静止变频器事故的具体措施。

本章共分为两个部分，内容包括：防止励磁及静止变频器变压器损坏事故、防止励磁及静止变频器开关损坏事故。

条文说明

条文 15.1　防止励磁及静止变频器变压器损坏事故

条文 15.1.1　（设计阶段）自并励系统中，励磁变压器不应采取高压熔断器作为保护措施，宜采用电流速断保护作为主保护，过电流保护作为后备保护。

[条款释义]

自并励系统中，励磁变压器如采用高压熔断器作为保护措施则可能产生缺相运行的情况，宜采用电流速断保护作为主保护，过电流保护作为后备保护。

[案例 15-1]　20 世纪 90 年代后期，美国公司设计的自并励系统在励磁变压器高压侧利用快速熔断器作为保护部件，在正常运行时快速熔断器就有比较高的温度，结果在相关电厂正常停机和甩负荷等试验中，多次发生熔断器的故障，给电厂造成不必要的损失。

条文 15.1.2　（设计阶段）干式励磁变压器宜设计为干式自冷却变压器，变压器设计选型应满足所处运行环境。

[案例 15-2]　某电厂励磁变压器设计放置位置周围没有足够的散热空间，励磁变压器运行环境温度较高，在投运 6 年后励磁变压器因长期过热而烧毁。

条文 15.1.3　（设计阶段）自并励系统励磁变压器的高压侧电流应具有有效的监视手段，

便于监视运行中三相电流的变化和空载情况。

[条款释义]

自并励系统励磁变压器加装高压侧电流监视，便于监视电流的变化情况及故障分析。

[案例15-3]　某电厂励磁变压器发生严重损坏，通过高压侧电流录波图中电流突变分析确认为励磁变压器质量造成损坏。

条文15.1.4　（设计阶段）自并励系统励磁变压器的温度应具有有效的监视手段，并控制其温度在设备允许的范围之内。

[条款释义]

励磁系统中励磁变压器是运行中最容易发热的设备之一，发热原因是其带有能产生高次谐波的整流负荷，而设备运行寿命在一般情况下与运行温度密切相关，应在设计阶段保证对未来投运的励磁变压器能有必要的温度监视手段，并在运行阶段加强监视。本措施中严格规定对于"励磁变压器的温度应具有有效的监视手段"，一般情况下可设置两段温度监视，一段用于报警，高于报警值10～20℃可考虑设计为跳闸。

[案例15-4]　某电厂由于设计谈判中对现场运行温度估算有偏差，造成夏天运行时，励磁变压器温升过高经常跳闸的情况，在发电机试运行过程中，临时采用三台轴流风机冷却才通过考核。暴露出该励磁变压器没有有效的温度监视手段，以便及时采取控温措施，造成多次跳机。

条文15.1.5　（设计阶段）励磁变压器至励磁系统进线开关若采用低压母线槽连接方式，连接头应充分考虑抗振、防松、防潮措施，紧固螺栓至少2只，潮湿环境下的低压母线槽防护等级不低于IP65。

[条款释义]

根据低压母线槽选用、安装及验收规程CECS170：2004第3.0.4条第5款，母线槽的外壳防护等级选择应符合下列规定：室内潮湿场所或有防喷水要求的场所，采用IP65及以上等级。

[案例15-5]　2016年04月15日，某电厂励磁变压器过流保护动作，机组跳机，故障原因是励磁变压器低压侧密集型母线接头处，连接螺栓松动、压紧力不足，导致接头过热烧损相间绝缘层（见图15-1），致使相间短路。

图15-1　密集型母线接头处过热烧损

条文 15.1.6 （设计阶段）对于励磁变压器电源取自主变压器低压侧，且两台及以上主变压器共用一个断路器的接线方式，励磁变压器过电流保护配置宜为两段，I 段短延时动作于断开励磁变压器低压侧断路器和灭磁、停机；若励磁变压器高压侧有断路器，II 段长延时动作于断开励磁变压器高压侧断路器和灭磁、停机，若励磁变压器高压侧无断路器，II 段长延时动作于断开主变压器高压侧断路器和灭磁、停机。

［条款释义］

励磁变压器过流故障点可能发生在两个位置，一是励磁整流柜至励磁变压器低压侧开关之间，二是励磁变压器低压侧开关至励磁变压器高压侧电流互感器之间，第一种情况只需断开励磁变压器低压侧断路器、灭磁、停机即可切断故障电流；第二种情况则需要断开励磁变压器高压侧断路器、灭磁、停机才可切断故障电流，若励磁变压器高压侧无断路器则动作于断开主变压器高压侧断路器、灭磁、停机才可以切断故障电流。

［案例 15-6］ 2018 年 8 月 31 日，某电厂励磁变压器过流动作，机组跳机并跳开主变压器高压侧线路开关及桥开关，故障原因是静态励磁系统可控硅击穿（见图 15-2）导致交流相间短路，励磁变压器过流动作跳开励磁变压器侧开关。因为励磁变压器过流保护未配置两段，导致跳闸范围扩大。

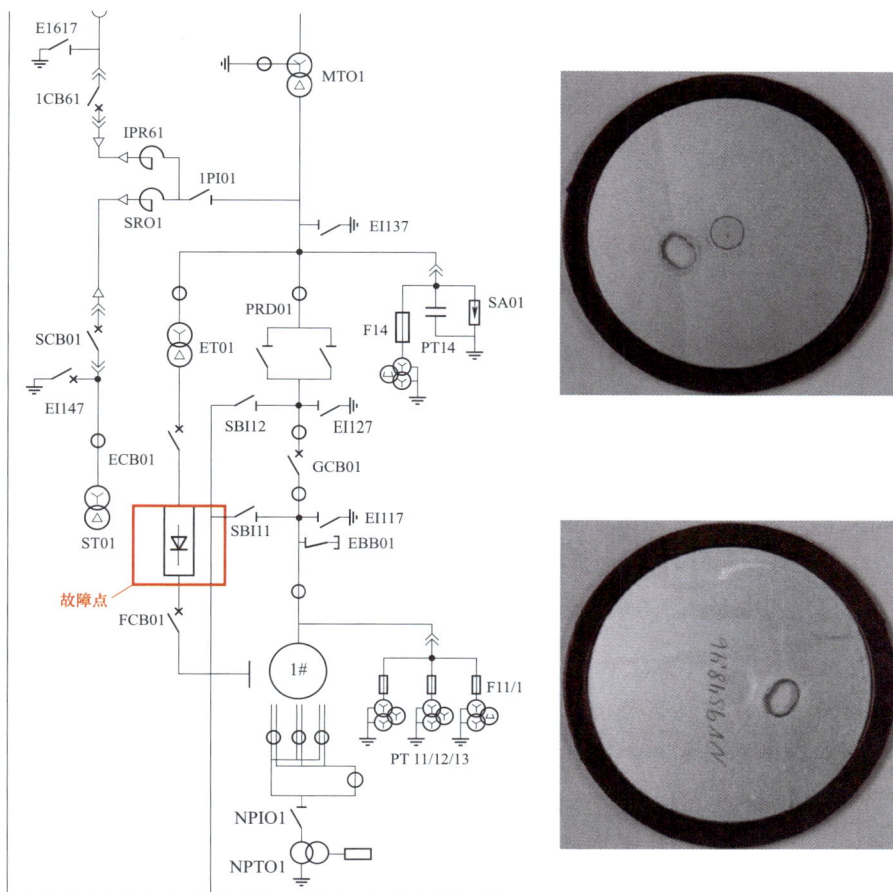

图 15-2 可控硅击穿

条文 15.1.7 （设计阶段）静止变频器的功率柜至输入输出变压器间若采用电缆连接，应使用铜芯电缆。

[条款释义]

设计阶段因考虑电缆载流能力，若电缆载流能力不足在长期超过额定电流的情况下会导致电缆熔融情况。

[案例 15-7] 某电厂静止变频器变压器低压侧选用铝芯电缆，由于相同截面铝芯电缆载流量不足，导致电缆接头长期发热（见图 15-3），出现熔融情况。后及时发现该缺陷，结合项目对电缆进行了整体更换（见图 15-4）。

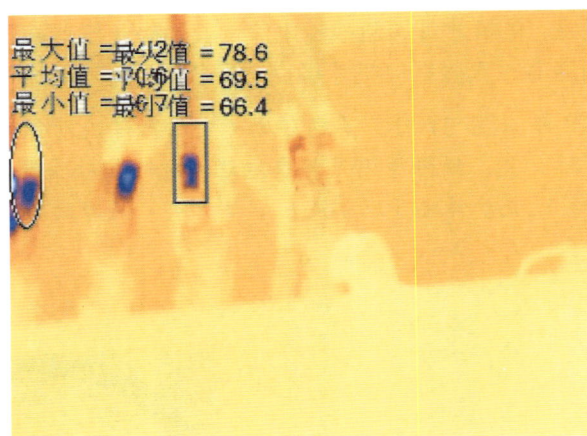

图 15-3 铝芯电缆运行中发热

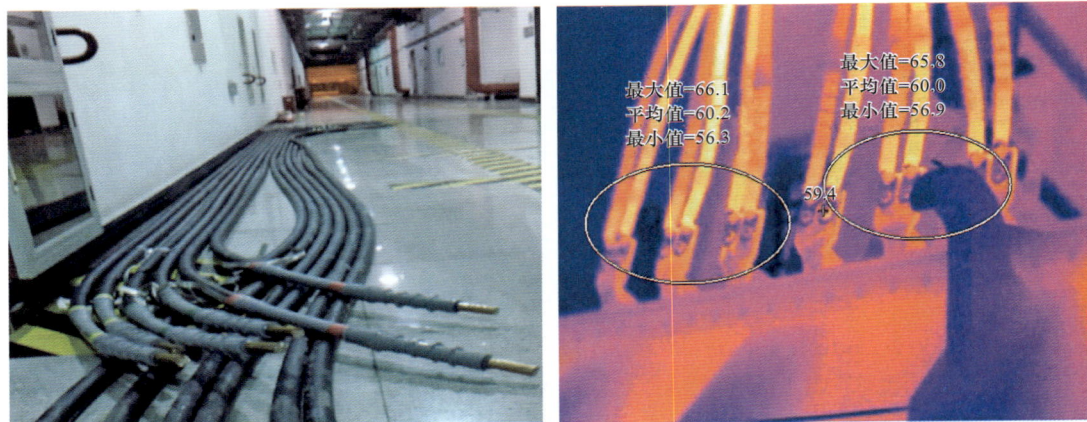

图 15-4 更换铜芯电缆与更换后的温度

条文 15.1.8 （设计阶段）静止变频器的输入断路器宜设计为不频繁冲击输入变压器的运行方式。

[条款释义]

静止变频器在抽水启动阶段受到频繁冲击，对静止变频器输入变压器等设备造成影响，多家抽水蓄能发现静止变频器输入变压器乙炔含量超标、连接螺母松动等缺陷，建议根据情况修改运行方式，减少静止变频器输入变受冲击次数，降低静止变频器输入变运行风险。

[案例 15-8]　2019 年 5 月 25 日，某抽水蓄能静止变频器在抽水启动阶段受到频繁冲击，对静止变频器输入变压器等设备造成影响，发现静止变频器输入变压器乙炔含量超标、连接螺母松动等缺陷（见图 15-5）。

图 15-5　乙炔含量超标、连接螺母松动

条文 15.1.9　（基建阶段）静止变频器输入输出变压器采用水冷却系统的冷却器，应采用双层铜管冷却系统。

条文 15.1.10　（运行阶段）结合设备检修对低压母线槽各分段处连接装置进行检查。机组运行时，定期对低压母线槽和母线连接装置的进行红外测温。

[条款释义]

密集型母线具有输送电流大、设计紧凑、节约空间等特点，在各电厂应用较多，但密集型母线存在螺栓松动，接触电阻增大等隐患，所以要求在设备检修时应对低压母线槽各分段处连接装置进行检查；机组运行时，定期对低压母线槽和母线连接装置进行红外测温。

[案例 15-9]　某电厂低压母线接头连接铜排两端压接不对称，导致一端放电，并伴随温度异常。

条文 15.2　防止励磁及静止变频器开关损坏事故

条文 15.2.1　（设计阶段）抽水蓄能电厂励磁系统断路器和静止变频器输入输出断路器的电机储能信号应接入监控系统进行有效监视。

[条款释义]

励磁系统断路器与静止变频器输入输出断路器在起/停励和静止变频器起动/退出时会相应合/分闸，若未将电机储能信号接入监控系统，只有在断路器拒动时监控才能收到反馈，导致机组启动不成功，将电机储能信号接入监控系统有助于提前发现缺陷，防止断路器拒动，提高机组启动成功率。

[案例 15-10]　2019 年 8 月 27 日，某电厂静止变频器输出断路器储能电机阴极碳刷磨损不平整（见图 15-6），导致静止变频器输出断路器储能电机接触不良，储能失效，静止变频器输出断路器不能正常合闸，静止变频器故障联跳被拖动机组。

条文 15.2.2　（设计阶段）机组在并网前或解列后，电气制动时，以及电气故障跳闸等工况下，禁止励磁系统投入强励，在运电厂发电机或励磁系统改造时择机完善此项功能。

[案例 15-11]　2011 年 6 月 7 日，某电厂出现在电气制动工况下强励误动作，导致磁极线圈受力变形（见图 15-7）。多起发电机故障表明，励磁系统投入强励往往导致故障扩大。

图 15-6　储能电机转子碳刷磨损（红色标注部分碳刷已磨损严重，蓝色标注碳刷状态良好）

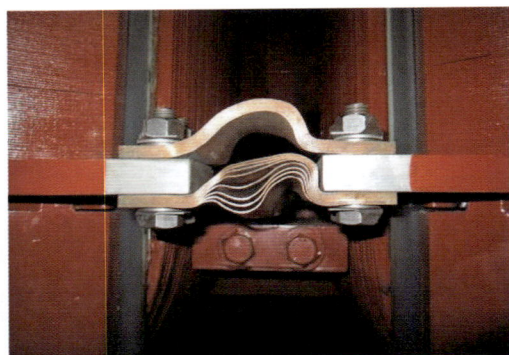

图 15-7　发电机磁极受损情况

16 防止继电保护误动事故

总体情况说明

继电保护误动主要表现为：继电保护误动、拒动、安全自动装置事故、直流系统事故等。继电保护误动事故主要原因有：① 回路切换闭锁设计不完善、不可靠；② 保护回路没有冗余设计；③ 直流系统保险容量开关保护定值设计不合理等。因此，为防止继电保护误动事故发生，应在设计阶段完善回路切换闭锁设计、完善保护和电源回路冗余设计、合理设置直流系统保险容量及开关保护定值。

本章重点针对防止继电保护误动事故反措条款，结合水电厂发展的新趋势、新特点和暴露出的新问题，分析代表性案例及原因，进一步详解了落实防止继电保护误动事故的具体措施。

本章共分为四个部分，内容包括：防止继电保护误动事故、防止继电保护拒动事故、防止安全自动装置事故、防止直流系统事故。

条 文 说 明

条文 16.1 防止继电保护误动事故

条文 16.1.1 （设计阶段）采用零序电压原理的发电机匝间保护应设有负序方向闭锁元件。

[条款释义]

对未引入双星形中性点的发电机，在发电机出口装设一组专用全绝缘电压互感器，其一次绕组中性点直接与发电机中性点相连接而不接地，用零序电压原理构成发电机匝间保护，当发电机内部发生匝间短路或对中性点不对称的各种相间短路时，产生对中性点的零序电压，使匝间保护动作。当发电机外部短路故障时，零序电压中三次谐波电压随短路电流增大，有可能造成匝间保护误动作。因此，根据短路故障时的负序功率方向，作为发电机匝间保护的闭锁条件，防止其在区外故障时发生误动作。

条文 16.1.2 （设计阶段）发电机－变压器组差动保护各支路的电流互感器应优先选用误差限制系数和饱和电压较高的电流互感器。

[名词释义]

【电流互感器误差限制系数】为保障电流互感器二次电流的稳态值在一定误差范围内，一次电流以额定电流为基础的允许倍数，一般有 5、10、15、20、30、40，系数越大，饱和特性越高。

根据 GB/T 14285—2006《继电保护和安全自动装置技术规程》6.2.1 条保护用电流互感器的要求：330kV 及以上系统保护、高压侧为 330kV 及以上的变压器和 300MW 及以上的发电机－变压器组差动保护用电流互感器宜采用 TPY 电流互感器，互感器在短路暂态过程中误差应不超过规定值；220kV 系统保护和 100MW 级至 200MW 级的发电机－变压器组差动保护用电流互感器可采用 P 类、PR 类或 PX 类电流互感器，220kV 系统保护电流互感器暂态系数不宜低于 2，100MW 级至 200MW 级机组外部故障的暂态系数不宜低于 10。

条文 16.1.3 （设计阶段）发电电动机组的保护应有切换和闭锁，以满足发电电动机工况转换主回路换相、同步起动和异步起动的要求。对测量原理和电流、电压相序有关或与电流和电压之间夹角有关的应考虑换相对保护的影响。对测量原理与频率有关的保护装置，应考虑起动过程频率变化对保护的影响。

抽水蓄能机组具有多种运行工况，而针对不同的工况配备不同保护，在某一工况运行时需要对其他工况保护进行闭锁。当发电状态转为电动抽水运行状态时，通过采集机组换相开关位置，保护装置自动实现电流、电压采样通道切换，完成电流、电压相序换相，从而避免发电机差动保护误动。抽水机组启动过程中要经历低频阶段，由于此时的 CT、PT 在低频下不能正确反映一次侧电流，差动保护容易拒动，在频率小于 10Hz 时投入定时限过流保护，为启动过程中的短路故障提供互为补充的完整保护功能。

条文 16.1.4 （设计阶段）发电电动机保护闭锁回路设计要可靠、完善。闭锁信号的选取应直接取设备辅助接点，通过二次接线引入保护的闭锁信号应经过光电隔离。机组闭锁与动作出口设计应满足机组带压后任何工况均有快速保护投运的要求。

抽水蓄能机组具有多种运行工况，而针对不同的工况配备不同保护，在某一工况运行时需要对其他工况保护进行闭锁，闭锁信号一旦出现问题必然引起严重后果，所以闭锁回路设计一定要可靠、完善。闭锁信号的选取应直接取设备辅助接点，防止通过中间环节如直流小空开误分、中间继电器故障等造成保护误动，光电隔离防止经长电缆或经现场引入的开入信号将雷电干扰和操作过电压引入二次回路导致装置损坏。

［案例 16-1］ 2006 年 8 月 31 日，某电厂一台机组抽水工况运行时，因发电机－变压器组保护中涉及机组设备状态变化量送入保护的中间继电器负电源连接端子的短接片滑丝，使控制回路负电源丢失，导致机组抽水工况闭锁继电器失磁，进而使主变压器发电方向差动保护 87T-B（G）、主变压器过流保护在机组抽水时闭锁失灵，造成保护误动。

［案例 16-2］ 2008 年 4 月 28 日，某电厂一台机组在停机过程中，机组转速降至 50% 额定转速电气制动投入时，因顺控流程错误地向保护装置发送了机组处于"停机备用"的工况信号，导致大差动保护没有被闭锁而异常动作。

［案例 16-3］ 2014 年 11 月 3 日，某电厂一台机组发电工况，因五极换相刀（发电方向）

的辅助触点信号未送至 1 号机主变压器 B 套保护，导致 1 号机发电工况运行时 1 号主变压器差动 B 套保护（电动方向）未被闭锁而误动作。

条文 16.1.5 （设计阶段）应将变压器、发电机－变压器组保护各侧的电流信息（保护用线圈）接入故障录波器。

［条款释义］

故障录波报告是进行事故分析的重要依据，特别是在进行复杂事故分析或保护不正确动作分析时更是如此。为全面反映发电机、变压器在事故或异常情况下运行工况，200MW 及以上容量发电机－变压器组应配置专用故障录波器，以便对应分析机组在发生故障或出现异常时的运行状况及保护动作行为。

条文 16.1.6 （基建阶段）新投设备做整组试验时，应按规程要求把被保护设备的各套保护装置串接在一起进行。

［条款释义］

整组试验是继电保护系统在完成基建、改建工程或在保护装置、二次回路上进行工作、改动之后的重要把关项目，通过整组试验可对保护系统的相关性、完整性及正确性进行最终的全面检验。在进行整组试验时应着重注意以下方面：

（1）各保护连接片（包括软连接片及远方投退功能）的正确性，在相关连接片退出后，不应存在不经控制的迂回回路。

（2）保护功能整体逻辑的正确性，包括与相关保护、安全自动装置的配合关系；

（3）单一保护装置的独立性，既要保证单套保护装置能够按照预定要求独立完成其功能，也要保证两套或以上保护装置同时动作时，相互之间不受影响；

（4）保护装置动作信号、异常告警的完整性和准确性，对于由远方进行监视或控制的保护装置，还应检查、核对其远方信息的完整、准确及及时性，确保集控站值班员、调度人员能够对其健康状况、动作行为实施有效监控。

整组试验时，应使保护装置处于投入运行完全相同的前提下，由保护屏的电流及电压端子通入与故障情况相符的模拟量，检查保护回路及整定值的正确性。不允许用卡继电器接点、短接回路或类似人为手段做保护的整组试验。

条文 16.1.7 （运行阶段）停役设备区域的差动保护电流互感器在保护装置不停运时，应在差动保护盘柜内将电流互感器二次回路可靠隔离。

［条款释义］

比如 330kV 母线保护其中一个间隔一次设备停电检修，保护人员做安全措施时，应将该间隔接入母差保护中的二次电流回路在差动保护盘柜内可靠隔离，即在端子排打开该间隔电流连接片，并短接外侧端子。

［案例 16-4］ 2020 年 6 月，某电厂 330kV 母线保护其中一个间隔 3 号发电机－变压器组单元检修，运维人员未在 330kV 母线保护盘端子排打开该间隔电流连接片，安全措施不全，机组检修结束后做发电机－变压器组升流试验，出现 330kV 母线保护装置差流越限报警，

造成母线保护装置闭锁。

条文 16.2　防止继电保护拒动事故

条文 16.2.1　（设计阶段）在满足接线方式和短路容量前提下，应尽量采用简单的母差保护，并冗余配置。

［条款释义］

通常水电厂母线发生短路故障，大多数是低阻抗性质的金属性短路，短路电流大，对系统影响严重，简单接线且冗余配置的快速母线差动保护可确保母线故障时保护动作的快速性和可靠性。

条文 16.2.2　（设计阶段）重要线路和设备按双重化配置相互独立地保护。传输两套独立的主保护通道相对应的电力通信设备也应为两套完整、两套不同路由的通信系统，其告警信息应接入相关监控系统。双重化配置的保护装置及电力通信设备应由独立的电源供电且保护装置与其相对应的电力通信设备电源不可交叉配置，防止单组直流电源系统异常导致双重化快速保护同时失去作用的问题。

［条款释义］

随着电网建设的不断发展，我国各大电网的结构得到进一步的加强，因此电网稳定问题已上升为主要矛盾。一旦继电保护在系统发生事故时不能可靠动作，将会直接威胁电网的安全稳定运行，甚至会给电网带来灾难性的后果。为此，必须提高重要线路和设备的继电保护装置可靠性，而装设双套主保护是提高继电保护装置可靠性的较好办法。但为防止由于共用部分异常造成双套主保护拒动的"瓶颈效应"，双套主保护的交流输入、直流电源以及跳闸回路应尽可能相互独立，以提高冗余度。

（1）两套保护装置应完整、独立，安装在各自柜中，每套保护装置应配置完整的主后备保护。

（2）线路纵联保护的通道（含光纤、微波、载波等通道设备）、远方跳闸和就地判据应按双重化配置。

（3）双重化的保护装置的交流电流、电压应取自电流互感器和电压互感器的相互独立的绕组。

（4）双重化的保护装置及通信接口装置的直流回路应由不同熔断器或空气开关控制，应取自不同直流段。

（5）双重化的保护装置并分别控制断路器的不同线圈。

（6）双重化保护不应有任何电气联系。

［案例 16-5］　某变电站的一条 500kV 线路按照双重化原则配置的两套保护装置，伴随着通信室的第一组直流出现异常而同时发出通道中断告警信号。经检查发现，负责传送第一套纵联保护信息的通信设备使用的是通信室的第一组直流电源，传送第二套纵联保护信息的通信设备使用第二组直流电源；但是由于接线错误，第一套纵联保护的光电转换柜使用了通信室的第二组直流电源，第二套纵联保护的光电转换柜使用了第一组直流电源。当第一组直

流出现异常时，造成了传送第一套纵联保护信息的通信设备和第二套纵联保护的光电转换柜失电，事实上造成了两套保护装置电源配置不独立，所以导致两套保护装置的通道均出现了中断。

条文 16.3　防止安全自动装置事故

条文 16.3.1　（设计阶段）**220kV 及以上的稳控系统应双重化配置，双重化配置的稳控系统在装置配置、交直流电源、输入与输出回路、跳闸出口、通信通道（含通信电源）等均应完全独立且没有电气联系。稳控装置动作后不应启动重合闸和失灵保护。**

［条款释义］

根据继电保护及安全自动装置双重化配置的要求，防止保护及稳控装置拒动而导致系统事故，减少由于保护及稳控装置异常、检修等原因造成的一次设备停运现象。随着电网大量采用复用保护通道，很多线路的两套保护及稳控装置均采用复用通信通道，从电网安全运行的角度出发，复用通信通道所涉及的通信设备（包括通信供电电源）必须满足上述要求，实现"双设备、双电源、双路由"的双配置要求，当承载保护和安全自动装置的通信电路或设备需要退出或检修时，应保证至少有一套装置正常运行。同时，设备的选择应该考虑安全性、可靠性高的通信设备和通信电源系统，并遵循相互独立的原则。

条文 16.3.2　（设计阶段）**备用电源自动投入装置，应在工作电源断路器断开后方可使备用电源投入，并应具有防止电源自动投于故障母线或故障设备的措施，并进行定期传动试验，保证事故状态下投入成功率。**

［条款释义］

备用电源自动投入装置需接入两段工作电源断路器位置接点，判断其中一路工作电源断路器跳开后，备用电源投入装置才能动作出口。当电源侧保护动作时，需闭锁备用电源投入装置，防止备用电源自动投于故障母线或故障设备上，造成设备二次损坏。

条文 16.4　防止直流系统事故

条文 16.4.1　（设计阶段）**充电装置优先采用高频开关模块整流的充电装置，整流模块最低应满足"$N+1$"的配置，任意充电模块故障不影响直流系统运行。**

［条款释义］

为了提高高频开关电源型充电装置的运行可靠性，其模块采用 $N+1$ 配置，模块总数不宜小于 3 块，目的是防止任何一个充电模块故障，都不影响充电装置的额定输出容量。

条文 16.4.2　（设计阶段）**新建或改扩建水电厂，当装机总容量 300MW 及以上或输电电压 220kV 及以上时，发电机组用直流系统与开关站用直流系统应相互独立，但发电机－变压器组单元接线或无独立升压站的电厂除外。**

［条款释义］

大容量水电厂往往有多台机组，开关站有多条线路与系统相联，开关站设备的是否安全运行对系统稳定影响较大。本条文主要是考虑机组直流系统出现故障，能把故障范围缩小，不至于影响到开关站设备的安全，不至于影响系统的稳定。这就要求机组用直流系统应与开关站直流系统相互独立，不能有任何的电气连接。

［案例 16-6］ 2004 年某电厂在做直流油泵启动试验时，误跳开 220kV 开关站母联开关。后查明由于该厂 3 台机组和升压站共用一个直流系统，馈出线采用环路接线，非常紊乱。在启动直流油泵时，同时在 220kV 升压站母联开关跳闸线圈中记录到跳闸电流。因此，保证机组直流系统与开关站直流系统相互独立，是非常必要的。

条文 16.4.3 （设计阶段）机组或开关站直流系统应设立两台工作充电装置和一台备用充电装置、两组蓄电池、两段母线。每组蓄电池容量均按为整个机组或开关站用直流系统供电考虑，两段母线之间设立分段联络开关。直流系统配置必要的电压监察、保护及告警等监控功能；应配置绝缘监察装置，直流系统绝缘监测装置应具备交流窜直流故障的测量记录和报警功能。

［条款释义］

机组或开关站采用两组蓄电池组，两台主充电装置，一台备用充电装置的直流供电方式，即 3+2 供电方式，是为了保证直流系统供电的可靠性。避免以往一台充电装置，一组蓄电池组供电时，当充电装置或蓄电池组出现故障时所出现的弊病。

［案例 16-7］ 1999 年 7 月 20 日，山西省发生因某 220kV 开关站设备事故导致晋北电网解列的重大事故。其事故起因是开关站 8023 号插头与柜体发生短路故障，但由于开关柜接地线未与主接地网连接，造成开关柜高电位，这个高电位通过开关柜内合闸和控制直流电缆直接窜入直流系统，而该站直流系统配置是一台充电装置，一组蓄电池组供电，结果导致全站直流电源消失，使全变电站的所有保护不能动作，引起短路事故扩大造成晋北电网解列。

条文 16.4.4 （设计阶段）直流系统各级保险容量、开关保护定值应有统一的整定方案，合理配置，上下级熔体、保护定值应满足选择性配合要求，确保不会发生保险熔断或越级跳开关。

［条款释义］

直流系统既作为全厂控制、保护、信号的工作电源，同时也作为事故照明、高压油泵等的后备电源。一旦因某处故障导致越级跳闸将会扩大事故范围，加重事故后果，并对全厂安全稳定运行造成较大影响。因此直流系统各级保险容量、开关保护定值应该统一整定，做好级差配合，在系统故障时不能越级跳闸，引起事故扩大。

条文 16.4.5 （设计阶段）直流系统中加装隔离二极管时，应充分考虑二极管承受直流系统过电压和故障电流的能力，防止直流系统发生故障时二极管击穿或熔断导致故障扩大。

［条款释义］

这项措施是考虑到直流系统在给机组热工负荷供电时，有采用两段直流母线给同一路负荷供电的设计，为避免两套充电装置和蓄电池组并列运行，设计上采用加装二极管隔离的办法隔开。这里要强调当负荷过载或出现短路时，所装二极管要有充分承受过电流的能力。

条文 16.4.6 （设计阶段）直流系统对负载供电，应按电压等级设置分电屏供电方式；分电屏上设立两组直流控制母线，从直流系统总配电屏两段母线上接取。机组及开关站直流系统供电方式应采用辐射状供电方式。

[条款释义]

本条文主要是对直流系统的馈出接线方式提出了严格要求，必须采用辐射状供电方式。对于具体对负荷供电方式，例如继电保护室内负荷，应按电压等级配置分电屏，如500kV/220kV 等级，或 330kV/110kV 等级，馈出屏接各自分电屏，再接负荷屏。保护屏机顶小母线的供电方式必须淘汰。这样接线的优点是如果负荷处电源断路器下口出现故障，仅跳负荷断路器，或者最多跳分电屏对这一路输出的断路器。

上述供电方式能够有效保障上、下级开关的级差配合，提高了供电可靠性。

[案例 16-8] 某厂 300MW 发电机-变压器组主保护，A、B、C 三套，设计时以小母线供电方式，A 保护装置供电直流电源断路器下口出现短路故障，造成直流小母线进线断路器误动，使这三套保护装置全部失效。分析事故原因：由于发电机-变压器组三套主保护采用直流小母线供电，负荷开关下口故障，导致整条直流小母线失电，扩大停电范围，造成发电机-变压器组失去主保护。

条文 16.4.7 （设计阶段）直流系统用断路器应采用具有自动脱扣功能的直流断路器，严禁采用交流断路器。

[条款释义]

普通交流断路器，其灭弧机理是靠交流电流自然过零而灭弧的。而直流电流没有自然过零过程，普通交流断路器因此不能熄灭直流电流电弧。普通交流断路器在断开回路中，当遮断不了负荷电流时，容易造成断路器烧损；当遮断不了故障电流时，容易造成电缆和蓄电池组着火，引起火灾。

直流断路器在断开回路时，其灭弧室能产生一与电流方向垂直的横向磁场（容量较小的直流断路器可外加一辅助永久磁铁，产生一横向磁场），将直流电弧拉断。

条文 16.4.8 （设计阶段）直流电源系统绝缘监测装置应采用直流原理的直流电源系统绝缘监测装置。

[条款释义]

基于低频注入原理的直流电源绝缘监测装置，它所能检测的接地电阻易受对地电容的影响，低频注入信号也易受到干扰。此种原理的绝缘检测装置要淘汰。

条文 16.4.9 （设计阶段）水电厂直流系统的蓄电池容量应考虑发生全厂停电后，能满足机组黑启动需要的机组直流高压注油泵、直流起励电源、控制保护装置、事故照明等的工作电源。

[条款释义]

为了满足黑启动的需要，机组计算机监控系统、发电机、水轮机自动控制系统、高压顶起泵、励磁系统起励、事故照明系统等通常采用直流供电。当全厂交流电源消失后，蓄电池容量应该足以支持直流负荷，以便在预定时间内完成机组黑启动。

条文 16.4.10　（设计阶段）采用三充两电设计的直流系统，运行充电装置的测量、监视、保护、控制回路应独立，其控制反馈信号与被控对象相对应，同时不受其他充电装置的干扰。

［案例 16－9］　2020 年 9 月，某抽水蓄能电厂蓄电池改造，利用 3 号充电机对蓄电池进行充电试验，3、4 号机组调速器液压控制柜低电压导致 3、4 号机组发电跳机。分析故障原因：① Ⅰ 母线脱离蓄电池由 1 号充电机供电，Ⅱ 母由蓄电池和 2 号充电机供电，1 号充电装置和 3 号充电装置共用一段母线接于 1 号蓄电池组，造成了充电电流反馈信号与被控对象不一致；② 同时 3 号充电装置蓄电池电流测量值（3CT2）存在误差，被控对象（电池充电电流值）没能真实反应实际情况，最终导致 1 号微机监控器仍然不断发送降低电流输出命令，表现为直流系统欠压。

条文 16.4.11　（设计阶段）直流充电装置应配置母线欠压限制环节，防止直流系统母线低电压，同时不与限流及限压特性相冲突。

条文 16.4.12　（运行阶段）两组蓄电池的直流电源系统应满足在正常运行中两段母线切换时不中断供电的要求。在切换过程中，两组蓄电池应满足标称电压相同，电压差小于规定值，且直流电源系统均处于正常运行状态，允许短时并联运行。

［条款释义］

根据 DL/T 5044《电力工程直流电源系统设计技术规程》3.5.2 条 2 组蓄电池的直流系统电源接线方式应符合下列要求：① 直流电源系统应采用两段单母线接线，两段直流母线之间应设联络电器。正常运行时，两段直流母线应分别独立运行；② 2 组蓄电池配置 2 套充电装置时，每组蓄电池及其充电装置应分别接入相应母线段，2 组蓄电池的直流系统，应满足在运行中二段母线切换时不中断供电要求，切换过程中允许 2 组蓄电池短时并联运行。

条文 16.4.13　（运行阶段）运行中的直流系统绝缘电阻应不低于 0.1MΩ。

［条款释义］

直流绝缘监测装置应具备直流系统绝缘降低预警功能，设备绝缘预警值为报警值的 2 倍，直流系统 220V 绝缘报警值整定值为 50kΩ，当支路任何一极的对地绝缘电阻低于 100kΩ 时，应发出预警信号。

条文 16.4.14　（运行阶段）直流电源系统应采用两段单母线接线，两段直流母线之间应设联络电器。正常运行时，两段直流母线应分别独立运行；每段母线上分别接一组蓄电池和一套充电装置。直流母线严禁脱开蓄电池组运行。

［条款释义］

直流母线脱开蓄电池组运行时，如果出现交流电源停电，将会造成直流母线失电。

［案例 16－10］　2016 年 6 月 18 日，某 330kV 变电站发生几台主变压器烧毁重大事故。其事故起因是站内两组直流 220V 蓄电池组未投入到对应的两段充电直流母线上运行，其中一台主变压器 35kV 侧电缆发生短路故障，导致全站 400V 交流电源失压，致使充电装置直

流母线失压,结果造成全站直流电源消失,使全站的所有保护不能动作,引起短路事故扩大。

条文 16.4.15 (运行阶段)当直流系统发生一点接地后,应立即查明故障性质及故障点并及时消除,防止因直流系统发生两点接地后造成继电保护或开关误动故障。发生接地故障时,禁止在二次回路上进行除查找接地以外的其他工作,正在进行中的二次回路工作应中止,以防发生误跳闸事故,及时排除接地故障才能恢复工作。

[条款释义]

发电厂或开关站的直流电源是控制、保护和信号的工作电源,直流系统的安全、稳定运行对防止发电厂或开关站全停起着至关重要的作用,直流系统作为不接地系统,如果发生一点接地,如不及时进行处理消除可能演变成两点接地,引起保护、自动装置误动、拒动。

发生接地故障后,应停止二次回路上的所有工作,并检查确认本工作未造成直流接地故障,待接地故障排除后方可恢复工作。

[案例 16–11] 某 220kV 重要负荷站,220kV Ⅳ母线带 180MVA 和 120MVA 主变压器各 1 台,2010 年 11 月某日,220kV 进线开关非全相跳闸,继电保护没有任何动作信号记录。经查一继电保护柜中一根直流电缆出现两点接地。造成环流流过中间继电器线圈,造成保护误动。

17 防止火灾和交通事故

总体情况说明

水电厂电气设备火灾事故主要表现为：变压器火灾事故和电缆火灾事故等。火灾和交通事故主要原因有：① 未按消防要求设计自动火灾报警和灭火装置；② 电缆设计、安装与使用不当；③ 防火措施不够合理。因此，从设计阶段就应合理设置火灾报警、监测装置和固定灭火装置，加强电缆选型的合理性，从而预防电气设备火灾事故的发生。

本章重点针对防止火灾事故反措条款，结合水电厂发展的新趋势、新特点和暴露出来的新问题，分析代表性案例及原因，进一步详解了落实防止火灾事故的具体措施。

本章共分为两个部分，内容包括：防止变压器火灾事故、防止电缆火灾事故。

条 文 说 明

条文 17.1 防止变压器火灾事故

条文 17.1.1 （设计阶段）水电厂地下厂房、各类控制室、继电保护室、计算机房、通信室、高低压配电室等重点防火部位应设置火灾自动报警系统，火灾报警信号应接入有人监视的场所。单台机组容量为 **300MW** 及以上的上述部位宜设置自动气体灭火系统，相应安全出口应不少于两个。变压器室、电容器室、蓄电池室、油处理室、配电室等应采用向外开启的甲级防火门。蓄电池室应注意保持良好通风。

［条款释义］

所有生产场所消防系统设计、施工应遵循《水电工程设计防火规范》（GB 50872）、《水力发电厂火灾自动报警系统设计规范》（DL/T 5412）中的有关规定，并经专业消防部门验收合格后方可投入生产或使用。所有生产场所必须配置消防器材，消防器材配置必须符合《电力设备典型消防规程》（DL 5027）的要求。

防火重点部位是指火灾危险性大，发生火灾损失大、伤亡大，影响大的部位和场所。一般指油罐区、控制室、调度室、通信机房、计算机房、档案室、变压器、电缆间及隧道、蓄电池室、易燃易爆物品存放场所以及各单位认定的其他部位和场所等。防火重点部位和场所应按照《水力发电厂火灾自动报警系统设计规范》（DL/T 5412）中的有关规定装设火灾自动报警装置和固定灭火装置。防火重点部位和场所应设置明显标志，并标明部位名称及防火责任人。防火重点部位和场所应建立岗位防火责任制并落实消防措施。

［案例 17-1］ 某铝厂一整流变压器补偿绕组 C 相套管爆裂，接线端子箱烧损，滤波补偿装置的总支电缆烧毁的火灾事故，经某市公安消防大队及时扑救，最终消除火情。事故

原因分析：① 该整流变压器设计制造存在缺陷，造成补偿绕组相间短路及出线套管破裂喷油引起着火；② 某铝厂设备设施管理不到位，安全预控能力差，设备缺陷没有根本消除；③ 消防设施管理不到位，对其长期存在的问题没有彻底治理，火灾自动报警系统报警不及时，消防报警喷淋系统和泡沫消防装置在事故发生时不能投用，贻误了扑灭火灾的最佳时机。

条文 17.1.2 （设计阶段）新建抽水蓄能电厂主变压器本体和储油池水喷雾强度应分别不低于 30L（min·m²）和 10L（min·m²）。主变压器事故排油池容积，应至少按照 0.4h 水喷雾的水量以及单台主变压器本体全部油量的容纳要求，进行相应设计。

[条款释义]

《水喷雾灭火系统技术规范》（GB 50219）要求油浸式电力变压器和集油坑的供给强度应分别不低于 20L（min·m²）和 6L（min·m²），持续供给时间不低于 0.4h。《国网水新部关于印发抽水蓄能和常规水电站防止火灾事故及提升消防安全 20 项措施的通知》（水新技术〔2019〕21 号）对要求进行了提升，供给强度提升为分别不低于 30L（min·m²）和 10L（min·m²）。

为保证水喷雾灭火系统达到应有的灭火和防护冷却效果，主变压器本体及储油池水喷雾供给强度、持续供给时间和响应时间应不低于《水喷雾灭火系统技术规范》（GB 50219）的基本设计参数要求，并做相应提升。应保证事故排油池容积能容纳最低设计持续供给时间内水量和主变压器本体全部油量。

条文 17.1.3 （运行阶段）进行变压器干燥时，应采取防止加热系统故障或线圈过热烧毁变压器而引起火灾事故的措施。

[条款释义]

变压器（特别是油浸式变压器）在进行干燥作业时要注意防火，线圈过热（特别是进行变压器高压试验时）也会烧毁变压器，应采取防止火灾事故的措施。

[案例 17-2] 某厂 220kV 变压器放油检查铁芯接地点时，错误地采用加 220V 交流电观察冒烟的方法，致使 B 相线圈底部冒火，后虽经二氧化碳灭火，未酿成这台变压器烧毁，但 B 相底部绝缘烧损，进行了更换才恢复运行。

条文 17.2 防止电缆火灾事故

条文 17.2.1 （设计阶段）220kV 及以上高压电缆应设置接地环流监测装置和光纤测温装置。高压电缆中间接头应采取防爆及阻燃措施，并定期进行红外测温和局放检测。

[条款释义]

运行中高压电缆金属护层系统环流的增大，会使电缆金属护层损耗剧增，电缆温升增加，严重时或导致电缆过热甚至着火燃烧。

电缆护层接地环流预警监测系统采用"环流法"来进行漏电监测，即：单芯电缆金属护套在正常情况下（即单点接地），金属护套上环流极小，主要是容性电流，而一旦金属护套出现多点接地与大地形成回路后，环流显著增加，一般至少增加一个数量级，严重时可达主电流的 90%以上。因此，可将电缆护套环流的大小及相对变化量作为电缆绝缘等故障的判断依据，实时监测金属护套环流及其变化量，即可实现单芯电缆漏电在线监测。

高压电缆中间接头部位电阻增大，发热量增加，需采取相应的防爆的阻燃措施。

[案例 17-3]　某变电站有 220/110/35kV 自耦变压器 2 台，35kV 母线分段并列运行，11 月 3 日 06:15，35kV 泽牧 3683 线速断跳闸重合闸成功（当时带 3MW 负荷），35kV 母线出现接地现象。06:18，35kV 泽溪 3686 线速断跳闸重合闸不成功，接地现象消失。由于这 2 条线路路径并无联系，在变电站巡视无异常后，调度通知线路工区开展巡线，发现泽溪 3686 线一段 35kV 高压电缆的中间接头绝缘破坏。故障原因分析：泽牧 3683 线速断跳闸后重合是导致泽溪 3686 线电缆中间接头绝缘破坏的直接原因。泽溪 3686 线该段电缆中间接头对地和相间绝缘不良或绝缘受潮，并未采取防爆及阻燃措施，不能承受正常的冲击电压，中性点接地不良，在线路重合闸瞬间，产生的操作过电压导致相对地电压升高，绝缘击穿。

条文 17.2.2　（设计阶段）新建或改造的厂房主电缆沟道防火墙间距应不大于 60m。

[条款释义]

《城市电力电缆线路设计技术规定》（DLT 5221—2016）要求电厂、变电站内电缆隧道、电缆沟防火墙间距应不大于 100m。《国网水新部关于印发抽水蓄能和常规水电厂防止火灾事故及提升消防安全 20 项措施的通知》（水新技术〔2019〕21 号）对要求进行了提升，间距提升为应不大于 60m。以避免因电缆短路或外界火源造成的电缆引燃或沿电缆延燃。

条文 17.2.3　（设计阶段）新建或在运厂站改造时，继电保护、直流、事故照明、消防、安全稳定装置等重要设备应采用耐火电缆。

[条款释义]

继电保护、直流、事故照明、消防、安全稳定装置等重要设备回路属变电站内重要回路，应保证在外部火势作用一定时间内维持通电。按照《电力设备典型消防规程》（DL 5027）对于重要回路（如直流油泵、消防水泵及蓄电池直流电源线路等），应采用满足现行国家标准《在火焰条件下电缆或光缆的线路完整性试验》（GB/T 19216.21）中的耐火型电缆。

[案例 17-4]　某变电站 330kV 枢纽变压器在巡检时发现电缆沟有烟雾，由于变电站电缆沟内控制电缆的布置上下纵横交错，难以判断出哪一根电缆绝缘烧损，待烟雾散去后，检查发现站内喷水池电源电缆绝缘老化发热，外皮燃烧产生烟雾。因为烟雾影响了故障点查找，致使附近的控制电缆受到影响，其中 330kV 某线 CSL-102 型高频保护电缆外绝缘发热熔化，通道及装置异常告警，导致某线必须进行保护退出处理。事故原因分析：① 控制电缆在长期过负荷或回路短路电流的长时间作用下，线芯发热使电缆外绝缘老化燃烧；② 该变电站内大量使用的各类电缆绝缘材料和保护层含有可燃的有机物，不符合重要回路控制电缆应采用耐火电缆的相关防火要求。

条文 **17.2.4** （运行阶段）在厂用系统增加负荷或改变厂用系统接线前，应校核电缆载流量是否符合要求。

［条款释义］

厂用系统增加负荷或改变厂用系统接线时，回路电流会发生变化，当超过电缆的安全载流量时，可能因电缆温升过大造成火灾事故，因此需对电缆的载流量进行校核。

18　防止重大环境污染事故

防止重大环境污染事故

总体情况说明

重大环境污染主要表现为：水电厂 SF_6 气体及其他危化品泄漏、机组及其他用油设备泄漏导致的污染、水环境污染等。重大环境污染事故主要原因有：① 设备设施运行维护不当，导致管路、阀门、容器老化损坏后引起危化品外泄形成的环境污染事故；② 硬件设施不符合环境保护规定，没有采取相应措施存在事故隐患；③ 老旧水电厂在设计阶段存在先天缺陷，应急处置能力低，不能满足应急突发事件水环境污染风险隐患。因此，为防止重大环境污染事故发生，应在设计阶段加强设备防污染功能，在基建、运行阶段加强人员设备设施的维修保养，防止管理不当对生态环境造成严重的污染。

本章针对防止重大环境污染事故反措条款，结合水电厂发展的新趋势、新特点和暴露出的新问题，分析代表性案例及原因，进一步详解了落实防止重大环境污染事故的具体措施。

本章共分为三个部分，内容包括：防止油泄漏事故、防止气体泄漏事故、防止水污染事故。

条 文 说 明

条文 18.1　防止油泄漏事故

条文 18.1.1　新建、扩建水电厂应严格执行环境影响评价制度及环保"三同时"原则，防止造成环境污染事故。

[条款释义]

根据我国 2015 年 1 月 1 日开始施行的《环境保护法》第 41 条规定："建设项目中防治污染的设施，应当与主体工程同时设计、同时施工、同时投产使用。防治污染的设施应当符合经批准的环境影响评价文件的要求，不得擅自拆除或者闲置。"

[案例 18-1]　2006 年 11 月 15 日，某电厂发生柴油泄漏事件，部分柴油流入长江造成重大环境污染事件。调查发现这些柴油因该厂 1 号供油泵冷却水管泄漏，随雨水排放沟直接外排造成，核定泄漏油量为 16.9t。事故暴露出事发电厂"三同时"制度执行不到位。电厂在事故应急池未建成、污油池未连通污水处理厂、未制定环境污染应急预案、不具备带油调试条件的情况下，未报告当地环保部门，擅自调试系统，引发了柴油泄漏污染环境事件。

条文 18.1.2　变压器、水轮发电机轴承、压力油系统以及其他设备检修产生的废油，应设置废油收集装置，并按照危险废物的相关规定进行暂存和安全处置。

［条款释义］

水电厂在检修维护过程中产生的废旧油品，按照 2021 年版"国家危险废物名录"收录规定：各类牌号的汽轮机油、变压器油、机械润滑油等均属于"HW08 废矿物油与含矿物油废物"，是对生态环境和人体健康具有有害影响的、有毒性的易燃性危废物品。随意排放和储存会影响水体和土壤品质，降低地块的环境功能，影响人身健康，制约经济的可持续发展；水电厂废旧油品应设置专门的存储装置（油罐、专用油池或油桶等设备设施，并按照 GB 18597—2001《危险废物贮存污染控制标准》）进行存放；储存场所应设立危险废物标志、危险废物标示卡、标明所贮存的废物种类及数量，场地经硬化处理，设有雨棚、围堰或围墙，设置废水导排管道或沟渠，并设置泄漏液体收集装置。依据《国家电网公司废旧物资管理办法》在满足当地有关环保部门规定前提下，选择经本地环保部门认可、具备相关资质的企业或机构对废旧油品进行回收处理。

［案例 18-2］　2021 年 2 月 24 日，某水电厂收到当地环境执法综合执法大队约谈通知书，指出该水电厂保存的部分油品未建设规范化危险化学品暂存间，露天存放，未采取"三防"措施，涉嫌违法，并对该单位进行约谈，要求尽快处理，否则将对该厂进行行政处罚；该水电厂随后对该批次废旧油品进行妥善处置，事件暴露出该水电厂对废旧油品保管处理不够重视、没有及时完成报废油处理流程、储存手段和设施不完善，露天存放的油品存在因罐体锈蚀破损导致油品外泄的环境污染隐患。

条文 18.1.3　定期对滤油、集油设备、管路进行检查和试验，对不能满足性能的设备、管路进行报废处理，确保在工作过程中不发生泄漏。

［条款释义］

滤油、集油设备主要包括油库油罐、油桶、滤油机及事故应急油池等设备。维护应按检修规程进行周、月度进行定期检查，应按照标准项目流程检查设备的相应部件。检查工作要做到不缺项、不遗漏。重点检验滤油、集油设备、管路是否变形，排污阀是否正常，储油设备是否密封可靠，存放场所是否符合环保规定要求，存放时间是否超过规定期限，有没有存在泄漏隐患，安全附件是否校验等。一旦发现设备、管路无法满足性能要求，应及时对其保养或更换，确保工作中不发生渗漏。

［案例 18-3］　2011 年 8 月 6 日，某水电厂机组检修后对水导轴承进行注油工作，该工作开具工作票后，未认真检查该厂公用注排油系统放空阀门状态，误将本应注至 3 号机组水导轴承的透平油通过公用注排油系统放空阀排至水机层地面，造成 3t 左右的油品泄漏至水机层地面及厂内渗漏集水井中，形成一定的局部污染（见图 18-1）。原因是设备定期检查中没有及时发现放空阀损坏，注油过程中工作负责人和工作票许可人在执行安全技术措施过程没有做到认真巡回检查，注油泵泵出的油品向低处泄漏，导致厂内油品泄漏的局部污染环境事件。

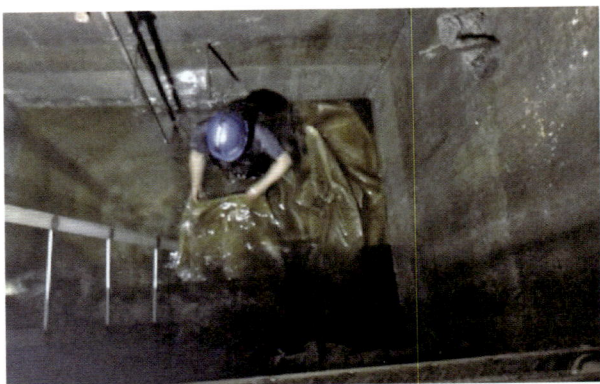

图 18-1　某水电厂注油过程中透平油泄漏至渗漏集水井

条文 18.1.4　加强对水轮发电机组用油部件维护保养，防止出现跑、冒、滴、漏油现象。

［条款释义］

水轮发电机组用油部件主要为机组轴承、调速器压力油系统、漏油系统、油压启闭机等设备用油。日常运维检修中应按照检修规程规定要求对所有油系统相关的管路、阀门等设备进行检查消缺，对暂不具备处理条件的建立隐患台账，定期检查处置，防止大量漏油现象发生，检查工作要做到不缺项、不遗漏。

［案例 18-4］　2020 年 8 月，某水电厂运行中 2 号机组上导轴承油位突然报油位超高警报，机组停机后进一步检查发现，2 号机组上导轴承冷却器端盖密封破损导致冷却水大量泄漏，引起轴承液面快速上升，上层透平油溢出后流入转子、水轮机顶盖、集水井等部位，形成一定的局部污染。事故发生原因是日常运维中没能发现轴承密封存在局部变形导致失效的隐患，在水流冲击作用下引起密封损坏；后对 12 台冷却器进行了分解检查、更换合格密封垫后打压试验后恢复投运。

条文 18.2　防止气体泄漏事故

条文 18.2.1　GIS 设备过渡连接装置应具有防止两种不同绝缘介质相互渗透的密封装置，并应能承受在各种工况下由于两种绝缘介质产生的压力不同所造成的最大压力差。

［条款释义］

《气体绝缘金属封闭开关设备配电装置设计规范》（NB/T 35108—2018）中第 5.3.2 条规定：① GIS 和变压器、电抗器各自具有独立的特性和功能，两者间的连接装置必须不损坏各自的特性和功能；② 根据水力发电厂布置的特点，GIS 配电装置与变压器、电抗器的连接一般采用 SF_6 管线与油/气套管的连接方式；③ 为了防止两种不同绝缘介质互相渗透，必须具有密封良好的分隔装置，该装置应能承受各种工况下（含一侧抽真空）两种介质压力不同而产生的最大压力差。

［案例 18-5］　2017 年 8 月 23 日，某水力发电厂运行人员发现 GIS 110kV Ⅰ母联络气室 SF_6 压力表显示压力下降，经过分析判断该站 GIS 110kV Ⅰ母 C 相联络气室 SF_6 气体泄漏，

后经检查分析，原因为 GIS 110kV C 相联络气室密封垫老化且设备维护不到位引起渗漏。

条文 18.3　防止水污染事故

条文 18.3.1　新建、改建、扩建建设项目和其他水上设施，应当依法进行环境影响评价。

［条款释义］

水库是重要的淡水水源地，水电厂水库水环境问题会影响水库水资源充分合理利用以及区域社会经济的可持续发展，为了改善库区水体环境，实现水资源的可持续利用，通过水库水环境影响评价，为水污染控制和综合防治提供科学依据，控制各种污染源、提供污染防治技术、为水环境保护提出针对性对策和措施。建设项目中存在直接或间接向水体排放污染物造成江河污染的情况，所以新建、改建、扩建建设项目在设计阶段应进行环境影响评价，通过环境影响评价后方可开工。

条文 18.3.2　应当制定有关水污染事故的应急方案，做好应急准备，并定期进行演练。

［条款释义］

水污染事故对污染地的环境和城市供水有较大危害，一旦发生会对区域水环境和水生态遭到严重破坏，公共财产造成重大损失，应加强应急处置水污染能力建设，促进区域经济和环境协调发展。水电厂水库常规污染主要分两类，一是局部面污染，二是点污染源。局部面污染一般是指上游垃圾、化肥、农药化工厂等产生的水体污染物分散汇入水库导致的污染；点污染主要是预防和控制工业产生的废水、废油、化工农药等污染源。为提高应对和处置突发污染事件的能力，应加强组织保障，成立应急突发水污染事件组织机构，组织对本单位管辖范围内突发性水污染事故应急方案的编制，并定期进行应急演练，尽可能阻止、减少对水体的污染，提高水污染事故应急处置的能力。

［案例 18-6］　2019 年 4 月，某水电厂库区巡查中发现辖管的坝前部分水域有疑似油液漂浮，按照相关规定启动应急预案，对该污染水域布置了拦阻索进行收集清理（见图 18-2）。事后经过调查，原因为附近旅游码头船只发动机润滑油泄漏形成的库区污染。

图 18-2　某水电厂库面局部水污染事故应急处理

19　防止水电厂水淹厂房事故

总体情况说明

　　水电厂水淹厂房事故主要表现为：管路破裂、螺栓断裂导致输水系统大量漏水、排水不畅和外水倒灌等事故。水电厂水淹厂房事故主要原因有：① 电厂水力设计安全裕度不足；② 输水系统、过流部件及其附属管路等存在制造、安装质量缺陷；③ 防水淹厂房保护系统、渗漏排水控制系统等出现故障；④ 厂房排水以及防外水倒灌设备、设施不完善或检查维护不到位出现结构破坏、堵塞等。因此，为防止水电厂水淹厂房事故发生，应在设计阶段认真做好防水淹厂房专项复核工作，重点复核电厂水力过渡过程、输水及排水系统、事故闸门、主进水阀、停机回路、厂用电系统等相关过程、强度计算的正确性，逻辑设置的可靠性和现场配置的完备性，保证电厂工程的设计和设备本质安全，并且在采购制造、安装调试等阶段抓好设备质量源头管控，做好设备运维管理，从而预防水淹厂房事故的发生。

　　本章节重点针对防止水电厂水淹厂房事故反措条款，结合水电厂发展的新趋势、新特点和暴露出来的新问题，分析代表性案例及原因，进一步详解了落实防止水电厂水淹厂房事故的具体措施。

　　本章共分为七个部分，内容包括：水力设计、逻辑控制、重要部位螺栓、压力管路及阀门、应急措施、供排水设施、厂房外水倒灌。

条 文 说 明

条文 19.1　水力设计

　　条文 19.1.1　（设计阶段）在可研阶段，抽水蓄能电厂应采用两种不同的水力过渡过程计算软件进行调保计算分析。

　　[名词释义]

　　【调保计算】调保计算是机组过渡过程计算的一种，其主要任务是检验机组调节过程中最大压力上升值和最大转速上升值是否超过其允许值。

　　[条款释义]

　　《抽水蓄能电站水力过渡过程计算分析导则》（T/CEC 5010—2019）条款 3.0.3 规定：可行性研究阶段，应结合水力过渡过程计算，对机组参数、输水系统布置及建筑物体形、尺寸等进行技术经济比选与优化。根据选定的机组参数、输水建筑物参数、主接线形式及接入系统的方式等，提出调节保证设计值及运行操作规则，并评价其水力过渡过程条件下的安全性和运行稳定性。应采用两种不同的水力过渡过程计算软件进行计算分析，并进行专题研究。

条文 19.1.2 （设计阶段）电厂水轮机模型开发时，应同步进行机组过渡过程的复核计算；主机设备厂家在模型验收试验前后均应提交过渡过程计算报告；模型验收试验后，机组过渡过程应委托第三方进行复核。

［条款释义］
对过渡过程研究不够，盲目提高设计标准将造成浪费，或对过渡过程问题考虑不周可能引起运行事故，造成重大损失。所以机组过渡过程特性是决定电厂稳定性的关键因素，它很大程度上决定电厂的主要参数和规模。因此，研究机组各种过渡过程特性并找出合理可靠的调节控制方法，对电厂的稳定、可靠和高效运行以及充分发挥其经济效益有着极其重要的意义。

条文 19.1.3 （设计阶段）新建电厂应对包括电网频率、机组转频、叶片通流频率等各种可能存在的水力激振频率进行分析，各激振频率与机组主要结构部件及厂房结构的固有频率（其中转轮、导叶为水中固有频率）应错开 10% 以上。

［条款释义］
水力激振频率与机组主要结构部件及厂房结构的固有频率接近时，容易引发共振产生机组与厂房主要结构部件振动、噪声较大等问题，上述两者之间频率应至少错开 10%。

［案例 19-1］ 某抽水蓄能电厂厂房在机组调试、试运行期间已经发现振动明显，尤其是投产以来多台机组发电工况运行时，厂房局部振感强烈，噪声较大，多次出现球阀油位计侧法兰焊缝裂纹、水环排水阀进口管焊缝开裂漏水等缺陷，给机组和厂房的稳定运行带来安全隐患。该电厂机组活动导叶数量为 20，转轮叶片数量为 9，按动静干涉激振频率计算公式计算对固定部件的激振频率为 99.99Hz，与厂房局部结构（例如风洞层与水轮机层立柱）的固有频率 100Hz 接近。该电厂通过技术改造，将转轮叶片数量由 9 片改为 7 片，对固定部件的激振频率变为 116.655Hz，与机组主要结构部件及厂房结构的固有频率 100Hz 错开 10% 以上，厂房振动明显下降。

条文 19.1.4 （基建阶段）机组甩负荷试验前，应根据实际试验水位进行过渡过程计算；机组甩负荷试验后，应根据甩负荷试验数据进行反演计算；对于引水系统一管多机布置方式，机组相继甩负荷工况应作为校核工况，过渡过程参数应满足规程规范要求。

［条款释义］
新建机组首次进行甩负荷试验前，应根据现场实际水位、工况进行过渡过程计算，各工况校核通过后方能开展甩负荷试验。试验后应进行反演计算，确保过渡过程计算数值与实际甩负荷结果相符，若过渡过程计算与实际试验结果偏差较大时，应重新进行复核计算。一管多机相继甩负荷工况，不同间隔时间下的过渡过程参数均应满足规程规范要求。

条文 19.1.5 （基建阶段）输水道充水或首台机组启动前，设计单位应提交防水淹厂房专题报告，结合电厂设备实际，针对不同管路破裂引起的水淹厂房可能性，复核电厂排水能力及相关设备的可靠性。

[条款释义]

防水淹厂房专题报告中排水系统安全性应包括渗漏排水系统的集水井容量、水泵容量、排水时间、水位监测、管路强度等复核，其数据应满足规范要求。自流排水廊道（如果有）其进出口孔径应满足极端情况下的排水要求。

条文 19.2 逻辑控制

条文 19.2.1 （设计阶段）抽水蓄能电厂中控室应配置紧急停机和紧急关闭上、下水库事故闸门的可靠设施，发电机层逃生通道还应设置至少一处手动启动水淹厂房保护按钮，可一键实现所有机组紧急停机、关闭上游侧事故闸门和尾水侧事故闸门功能。大中型常规水电厂中控室也应配置紧急停机和紧急关闭进水口闸门的可靠设施。紧急停机和紧急关闭事故闸门回路设计应采用独立于电厂监控系统的硬布线（包括独立光缆），电源应独立提供。

条文 19.2.2 （运行阶段）电厂控制、保护系统应采用统一的时钟同步源，并具备事件实时记录存储功能，存储的数据在断电或浸水等情况下可读取。

[条款释义]

电厂控制、保护系统包括：监控系统、继电保护装置及其录波装置、励磁控制系统、SFC控制系统、调速控制系统、同期装置、网络交换设备、视频监控系统等。

条文 19.2.3 （运行阶段）主进水阀的控制回路应由交、直流双回路供电，在控制回路电压消失的情况下具备"失电关闭"功能，即失电时自动关闭主进水阀。

[条款释义]

大中型水电厂应采用"失电动作"规则，在主进水阀的保护和控制回路电压消失时，使相关保护和控制装置能够自动动作关闭主进水阀。

条文 19.3 重要部位螺栓

条文 19.3.1 （设计阶段）重要部位螺栓设计时应进行强度、应力及疲劳计算分析，并提供相应的计算报告，其中应力需体现连接副各运行工况及安装工况应力。

[条款释义]

重要部位螺栓参照《水电站紧固件应用技术规程》（Q/GDW 12032—2020）进行梳理。

[案例 19-2] 2016 年 9 月 7 日，某抽水蓄能电厂 1 号机组发电负荷上升过程中，发生电气跳机，机组甩负荷之后水轮机顶盖被抬起，高压水从水车室顶盖处涌出，发生水淹厂房。事故调查分析认为水轮机顶盖连接螺栓断裂，压力水从顶盖涌出是造成本次水淹厂房事件的直接原因（见图 19-1）。顶盖螺栓设计安全裕度不足，致使螺栓预紧力设置偏小，在机组运行过程中逐渐产生松动，长期积累后产生疲劳裂纹，是造成顶盖螺栓断裂的主要原因。部分螺栓存在加工工艺缺陷产生应力集中是造成螺栓断裂的重要原因。

图 19-1　某电厂顶盖螺栓断裂导致水淹厂房

条文 19.3.2　（基建阶段）重要部位螺栓应做好防止松动措施。

[条款释义]

重要部位螺栓的安装应采取防松措施（如止锁片、防松垫片），并做好松动位置标记，方便日常运维过程中对照检查，并建立检查更换记录等台账。要加大新技术研究应用，有条件时，重要部位螺栓处加装紧固程度在线监测设备。

条文 19.3.3　（基建阶段）重要部位螺栓应制定检修安装工艺，螺栓紧固应采用扭矩（拉伸力）与伸长量相互校核。

[案例 19-3]　2009 年 8 月 17 日，俄罗斯萨扬–舒申斯克 2 号机组顶盖锚定螺栓被拉断。在水压力作用下机组转子带着水轮机顶盖以及上机架上抬，密封被破坏，涌水淹没水轮机室和其他机组部位，厂房进水，1～10 号机组全部被水淹，事故共造成 75 人死亡（见图 19-2）。事故直接原因是机组超负荷运转而保护系统未起作用，导致水轮机固定螺栓发生疲劳破坏而断裂（见图 19-3）。事故调查查明，2 号机组水轮机顶盖 49 个紧固螺栓，有 41 个断裂、2 个静力脱落、6 个未紧固。

图 19-2　俄罗斯萨扬–舒申斯克 2 号机组上抬严重受损

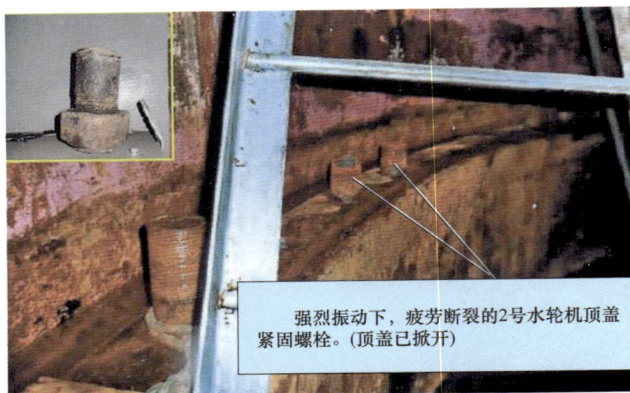

图 19-3　俄罗斯萨扬-舒申斯克 2 号机组水轮机顶盖螺栓疲劳断裂

条文 19.4　压力管路及阀门

条文 19.4.1　（设计阶段）与水库、压力钢管、蜗壳、尾水管等直接相连的管路、法兰及第一道阀门应采用不锈钢材质，取消保温层等外加防护。抽水蓄能电厂压力钢管排水及上库充水阀门宜采用针型阀。

[案例 19-4]　2000 年 8 月 5 日，某水电厂 50MW 机组供水管道上的自动阀门不满足质量要求，由于水击现象引起破裂，导致了水淹厂房事故。

[案例 19-5]　2015 年 8 月 5 日，某电厂 1 号机组 1 号机蜗壳至尾水平压管预埋露出段管径膨大变形破裂漏水，且由于外加保温层未及时发现变形现象，导致预埋管外露部分长期受压变形、破裂。与该处水平管路焊接相连的法兰设计材质为不锈钢，实际检测材质为普通低碳钢，与设计材质不一致。带径法兰与平压管路的焊缝附近区域已经发生腐蚀，并由此产生了撕裂，焊缝的质量缺陷（应力集中及焊接质量）及碳钢法兰材质的锈蚀是平压管路破裂的主要原因（见图 19-4）。

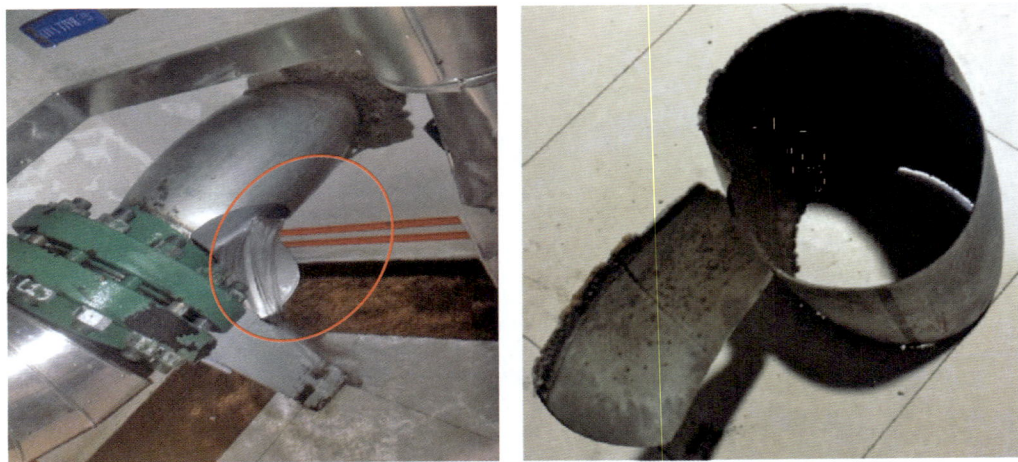

图 19-4　某电厂 1 号机蜗壳尾水管平压管路破裂

条文 19.4.2 （设计阶段）厂房排水系统设计为自流排水的，应充分考虑自流排水的容量及流速，避免下游侧非正常水位的倒灌。抽水蓄能电厂具备条件的，应设计厂房自流排水洞；不具备条件的，应设计应急排水设施。

［案例 19-6］ 2016 年 9 月 7 日晚，某抽水蓄能电厂 1 号机组发电负荷上升过程中，发生电气跳机，机组甩负荷之后水轮机顶盖被抬起，发生水淹厂房，淹没高度为地下厂房发电机层地面以上 1.6m。因该电厂设有地下厂房自流排水洞，地下厂房排水效率极大提高，在 9 月 8 日晚地下厂房地面积水全部排空。

条文 19.4.3 （基建阶段）压力钢管明管段应按照设计要求单独进行压力试验，主进水阀阀体及前后的延伸段、伸缩节及其相连的所有阀门应进行压力试验。

［条款释义］

参考 GB/T 14478—2012《大中型水轮机进水阀门基本技术条件》标准规范执行。

条文 19.4.4 （运行阶段）大修或更换的主进水阀阀体及前后延伸段、伸缩节及其相连的所有阀门应进行压力试验。

［案例 19-7］ 2021 年 1 月 12 日，四川某水电厂厂房突发透水事故，事故造成 11 人被困，其中 9 人死亡，事故直接原因为 3 号机组球阀前闷头在大约 2.4MPa 的水压作用下破裂（见图 19-5），大量漏水从管道涌出，检修人员来不及撤离淹溺身亡。事发时 2 号机组正常运行，1 号机组正在调试，发生闷头爆裂的 3 号机组正在拆卸，3 号机球阀已经吊出在安装间。被困的 11 人中 2 人位于 1 号机组蜗壳，4 人在 1 号机组水轮机层，3 名工人位于 3 号机组尾水出口，此处为电厂最底层；另有 2 名工人在电厂上方行车。3 号球阀闷头瞬间崩裂，水瞬间淹没发电机层，副厂房混凝土墙被水流推倒，水从厂房涌出，周边的商户和道路被淹。闷头体未按照承压设备制造、检验，出现严重的质量缺陷，在压力钢管内水压的作用下爆裂失效，是直接原因。涉事相关企业对闷头质量管控缺失，是间接原因。

图 19-5 球阀前闷头破裂

条文 19.5 应急措施

条文 19.5.1 （设计阶段）地下或坝后式厂房各层逃生通道应安装防护等级不低于 IP67

的应急照明。

［名词释义］

【IP】INGRESS PROTECTION，是指灯具设备和仪表等设备的外壳防护等级，在 GB 4208—2017《外壳防护等级（IP 代码）》中指出，防护等级中第一个数字表示防止接近危险部件和防止固体异物进入的防护等级，第二个数字表示设备防止水进入的防护等级。数字越大，防护等级越高。

［条款释义］

应急照明应包括灯具、电池、开关、接线箱、电缆等整套部件，电厂应采用符合标准的照明灯具，提升防水的防护等级。

条文 19.5.2 （设计阶段）蜗壳层、水轮机层（含水车室）、水轮机层及以下的排水廊道等区域应安装防护等级不低于 IP66 的应急照明。

条文 19.5.3 （设计阶段）应急照明电源应分级和分高程设计和布置，并逐级逐层设置断路器，以保证下层和下级电源遇水短路跳闸而不影响上层和上级电源供电。

条文 19.5.4 （设计阶段）电厂重要部位工业电视系统应具备通信中断后的本地紧急存储、通信恢复后的断点续传及过水后可读功能，汇集设备（以太网交换机）、存储设备和供电装置应布置在厂房较高高程。

条文 19.5.5 （设计阶段）新建电厂涉及水淹厂房安全的电气设备应放置于水轮机层以上，对于不具备布置条件的应采用防护等级不低于 IP67 的设备。

［条款释义］

涉及水淹厂房安全的电气设备包括渗漏水泵、水淹厂房停机控制回路、主阀控制柜、调速器控制柜、UPS 电源等。

条文 19.5.6 （设计阶段）应在地下厂房主要区域及主要出入口设计水淹厂房声光报警装置，屏柜应布置在厂房发电机层以上；工业电视汇集设备（以太网交换机）及存储设备宜设置在厂房内较高高程。

条文 19.6 供排水设施

条文 19.6.1 （设计阶段）厂房渗漏排水系统应配置正常和事故两种情况下的供电电源。

条文 19.6.2 （运行阶段）自流排水廊道（排水洞）以及厂房排水系统中的排水通道、地漏和暗管等应定期进行检查和清理，防止污物堵塞，影响排水效果。

条文 19.7 厂房外水倒灌

条文 19.7.1 （设计阶段）对可能遭遇区间暴雨、尾水位超高倒灌等影响的孔洞、管沟、通道、预留缺口等应设置拍门或挡板。

［名词释义］

【拍门】安装于排水管道的尾端，具有防止外水倒灌功能的逆止阀。拍门主要由阀座、阀板、水密封圈、铰链四部分组成。

[案例19-8] 1996 年 7 月某流域普降大到暴雨,17 日 4:00,水电厂厂房下游水位上涨,洪水由厕所排污管倒灌入厂区,水淹厂房。厂房下游防洪墙顶高程 250.52m,厂区集水井排至下游防洪墙外采用逆止阀防止洪水倒灌等措施。但施工中,在厂区下游防洪墙内增设地面厕所,高程约为 246.54m,直接将污物排至下游河道而未考虑防洪水倒灌问题,成为连通器,致使防洪墙失去防洪作用。厂房内排水设施无法及时排出,造成水淹厂房。

条文 19.7.2 (设计阶段)厂区边坡需结合地质条件采用相应的防护措施,做好边坡地表水和地下水的排水设计。厂房边坡坡顶和坡脚需设置截、排水沟以将山坡汇集的雨水排到厂区以外,防止因强降雨引起边坡失稳或水淹厂房。

条文 19.7.3 (设计阶段)地下厂房洞室距离水库较近或地下水丰富的地区,应加强渗水前沿部位的防渗、排水措施,可在洞室群外围与顶部分层设置排水洞,并利用排水洞设防渗帷幕、排水幕。排水洞内应设置渗漏水流量监测装置。当设有尾水调压室时,应加强来自尾水调压室渗漏水的防、排措施。

条文 19.7.4 (设计阶段)需要利用厂房墙体挡水时,应做好墙体及其基础的防渗处理。

条文 19.7.5 (基建阶段)按设计要求开展施工期监测(特别是地下水位),并及时进行资料整理、分析,发现异常及时上报。

条文 19.7.6 (基建阶段)在预报有强降雨前,应组织专人对截水系统和排水系统进行全面检查、处理,确保截水有效、排水通畅。

条文 19.7.7 (运行阶段)对可能遭遇区间暴雨、尾水位超高倒灌等影响的孔洞、管沟、通道、预留缺口等设置的拍门或挡板应定期检查和维护。

条文 19.7.8 (运行阶段)强降雨来临前,应全面检查处理厂房区域截、排水系统,确保截水有效、排水通畅。根据暴雨、洪水情况,及时封堵和引排可能导致水淹厂房的孔洞、管沟、通道、预留缺口等。